デジタルカラーマーキングシリーズ

日本海軍の翼

日本海軍機塗装図集【戦闘機編】

Imperial Japanese Navy Air Service illustrated Fighters Edition

西川幸伸

新紀元社

まえがき
Introduction

先頃出版した日本陸軍機編に続き、日本海軍機の側面図集をお届けできることとなりました。著者としては望外の喜びです。海外の機体を輸入していた時期から出発して国産機が台頭し、そして敗戦までを戦った機体の変遷を辿ることができ、海軍機の奥の深さを思い知りました。

海軍機は塗装が地味、といわれますが、これは言い換えると例外といえる塗装を施した機体が極端に少なかった、ということになります。それだけ日本海軍機の塗装プロセスはシステマチックに組み立てられたもので、「塗装が地味」というのは軍の仕様に従って工場で計画された通りの機体を、現場でもちゃんと大切に使ったということの証明といえましょう。もちろん戦地で応急的に施された迷彩塗装は非常に雑なものも存在したわけですが、そういった例外を除けばこの事実はほぼすべての海軍機に当てはまるものであると考えております。

一見すると地味かつ無個性なものに見えがちな海軍機ですが、側面図を作図していると細かい点でそれなりに差異があることに気付かされます。例えば有名なところでは同じ零戦でも三菱系の機体色と中島系の機体色はやはり当時の写真への写りを見ていてもかなり異なります。また、海軍機は垂直尾翼に数字で所属部隊が書かれているのですが、その書体も機体によってかなり異なります。例えば数字の「3」を表記するのにもひらがなの「ろ」に近い形状で描かれているものもありますし、「4」の横向きの棒の末尾が跳ね上がっていたり、「1」の下の部分が末広がりな形になっていたりと、数字だけでも機体によって書体にけっこう大きな差があるのには改めて驚かされました。

もう一点、これは誤解も広がっているな……と常々思っている点なのですが、完成した機体から塗料が剥離する例はそれほど多くなかったんだな、というのにも今回作業をしていて改めて気付かされました。日本軍機といえば塗料が激しく剥がれているというイメージがあると思うのですが、これはほとんどが現地で応急的に施された簡易な迷彩塗装が剥がれたものです。例えば余裕があった時期にしっかりと塗装の手順を練ることができ、潤沢に資材を使って塗装された初期の零戦などは、かなり大戦の後半まで生き残った機体でも塗料が剥がれている様子はあまり見られません。しかし紫電や紫電改など後半に登場した機体となると、やはり塗料が剥がれた機体が散見されます。やはり戦況が行き詰まってきて、資材も人員も不足する中ではプライマー処理や下地の塗装工程の回数が減らされたことに起因するようです。川西系のこれらの機体の塗装の状況からは、当時のそんな逼迫した戦況も伝わってくるような気がします。

というわけで、日本海軍における国産艦載戦闘機の登場から敗戦にいたるまでの活躍を一気に辿ることのできる側面図集になったと自負しております。様々な役立て方をしていただけると嬉しいですね。

（文／西川幸伸）

目次
Contents

まえがき
002

国産黎明期の日本海軍戦闘機
The early days of Japanese Navy Fighters
004

九六式艦上戦闘機
Mitsubishi A5M Claude
012

零式艦上戦闘機(一一型/二一型)
Mitsubishi A6M Zero Model 11/Model 21
026

零式艦上戦闘機(三二型/二二型/五二型/六二型)
Mitsubishi A6M Zero Model 32/Model 22 Model 52/Model 62
046

局地戦闘機(雷電/紫電/紫電改)
Interceptor(JACK/GEORGE)
074

水上戦闘機(二式水戦/強風)
Fighter Seaplane(RUFE/REX)
086

奥付け
096

国産黎明期の日本海軍戦闘機

The early days of Japanese Navy Fighters

明治36（1903）年、ライト兄弟が動力機関を搭載した飛行機の初飛行に成功すると、世界各国はその軍事利用も盛んに検討するようになった。

日本も例外ではなく、このうち海軍は明治43年4月、独自に航空技術委員会を発足、45年11月にはモーリス・ファルマン水上機の飛行に成功した。以後しばらくは欧米機を輸入する時代が続くが、第一次世界大戦終戦後の大正10（1921）年にはイギリスよりセンピル元空軍大佐の航空教育団を招聘。彼らの指導も得て同年、日本海軍初となる艦上戦闘機、十年式（のち一〇式）艦上戦闘機が初飛行するまでにこぎ着けた。

つづいて日本海軍は次期艦戦の開発を中島、三菱、愛知の各社に命じた。ここで採用されたのが中島製の仮称G式戦闘機で、速度や航続力で他社の機体に劣るぶん、運動性能や操縦性能で安定しており、昭和4（1929）年4月に兵器採用となった。これが三式艦上戦闘機である。本機はイギリスのグロスター・ゲームコック戦闘機をベースとしているため純国産とは言い難いが、抜群の旋回性能による格闘戦の強さを持ち、以後の海軍機に大きな影響を与え続けることになる。

三式艦戦の後継となるのが、中島がNY型試作戦闘機などの失敗を経て自発的に開発した九〇式艦上戦闘機である。三式艦戦から格段の性能向上を認めた海軍はこれを兵器に採用、日本人の手だけで設計した純国産戦闘機が誕生した。ことに横須賀海軍航空隊の源田 実、岡田、野村トリオによるアクロバット飛行は「源田サーカス」と称され、国民にも広く知られるにいたっている。

続く九五式艦上戦闘機も、やはり七試艦上戦闘機の失敗に屈することなく中島が自発的に開発したものである。当初は九〇式艦戦三型をベースに出力を増大させて性能も向上させる狙いであったが、重量増大による機体構造の再検討が必要となった。このため昭和9（1934）年秋に試作第1号機が完成したものの、兵器採用は設計開始から3年後となる昭和11年1月にまでずれこんだ。九五式艦戦は確かに性能向上を果たしたが、多くの傑作機を生む九試単戦計画が進行しており、間もなく主力の座を譲ることになる。〔文／松田孝宏〕

中島 三式艦上戦闘機上面塗装例

この時期の海軍機は鋼管羽布張り構造で機体全体は強度を得るため銀ドープ仕上げとなっており、垂直、水平尾翼ともに保安塗粧として赤が塗装されていた。これは、海上などへ不時着水した場合に、機体は重いエンジンのある機首から先に沈んでいくき、尾翼が十字架のように立つからである。献納機も多く、胴体に記入された報國号名などとともに非常にカラフルなのがこの頃の海軍機の特徴だ。

ただし、中国大陸での戦闘が長期化し、内陸部への進攻に伴い海軍機が陸上基地へ進出するようになると、緑、茶による迷彩も施されるようになっていった

中島 A1N1 三式艦上戦闘機一型

1930年頃 横須賀海軍航空隊

日本海軍は空母「鳳翔」の就役により艦上戦闘機が必要となり十年式艦上戦闘機を採用したが、この後継機の開発を三菱、愛知、中島に依頼した。 中島は英国グロスター社のゲームコックを変更したガンベットを提案し三式艦戦として採用。一型では英国製のジュピターエンジンが使用され、プロペラは木製。機体番号のカタカナ「ヨ」は横須賀海軍航空隊所属を示す

中島 A1N1 三式艦上戦闘機一型

1931年 航空母艦「加賀」戦闘機隊

航空母艦「加賀」に搭載された三式戦闘機一型で、機番号の〔ニ-203〕の「ニ」はイロハニホヘトのニである。日本で初めて航空母艦に類別された「若宮」がイで、以下「鳳翔」ロ、「赤城」ハ、「加賀」ニ、「龍驤」ホとなっていたが、「蒼龍」が就役する頃から、この方法は使用されなくなった

中島 A1N1 三式艦上戦闘機一型

1932年2月 航空母艦「鳳翔」戦闘機隊

〔ロ-252〕機は航空母艦「鳳翔」の所属機。機体の塗装は全体をアルミニウム系銀色塗料で塗装し、垂直尾翼、水平尾翼を含む機体後部を赤く塗装している。これは「保安塗粧」と称され、海上に不時着した際の視認性の向上を図るものだ。この他不時着水対策としては機体内に折り畳み式の浮袋を搭載して、7時間ほど海上にとどまれるようにしている

中島 A1N2 三式艦上戦闘機二型

1930年頃 館山海軍航空隊

〔タ-212〕は館山海軍航空隊の所属機を示している。陸上基地での運用であるためか機体後部の「保安塗粧」は施されていない。二型はエンジンを強化するほか、プロペラが金属製になった。抵抗を減らすため機首の形状を変更し、主車輪にはホイールキャップを装着するなどの改良が施されている。この結果、速度および上昇速度が向上した

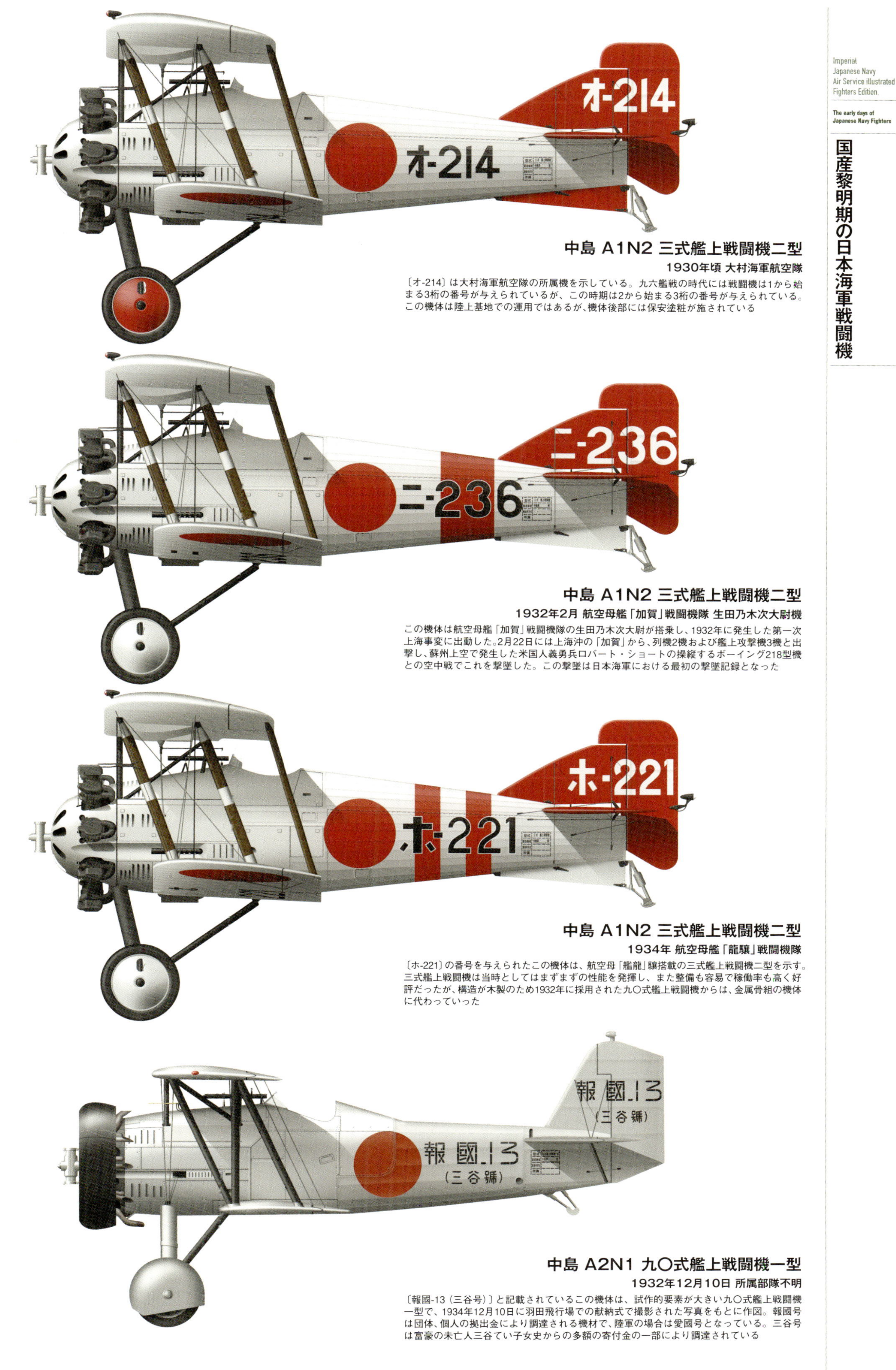

中島 A1N2 三式艦上戦闘機二型

1930年頃 大村海軍航空隊

〔オ-214〕は大村海軍航空隊の所属機を示している。九六艦戦の時代には戦闘機は1から始まる3桁の番号が与えられているが、この時期は2から始まる3桁の番号が与えられている。この機体は陸上基地での運用ではあるが、機体後部には保安塗粧が施されている

中島 A1N2 三式艦上戦闘機二型

1932年2月 航空母艦「加賀」戦闘機隊 生田乃木次大尉機

この機体は航空母艦「加賀」戦闘機隊の生田乃木次大尉が搭乗し、1932年に発生した第一次上海事変に出動した。2月22日には上海沖の「加賀」から、列機2機および艦上攻撃機3機と出撃し、蘇州上空で発生した米国人義勇兵ロバート・ショートの操縦するボーイング218型機との空中戦でこれを撃墜した。この撃墜は日本海軍における最初の撃墜記録となった

中島 A1N2 三式艦上戦闘機二型

1934年 航空母艦「龍驤」戦闘機隊

〔ホ-221〕の番号を与えられたこの機体は、航空母「艦龍」驤搭載の三式艦上戦闘機二型を示す。三式艦上戦闘機は当時としてはまずまずの性能を発揮し、また整備も容易で稼働率も高く好評だったが、構造が木製のため1932年に採用された九〇式艦上戦闘機からは、金属骨組の機体に代わっていった

中島 A2N1 九〇式艦上戦闘機一型

1932年12月10日 所属部隊不明

〔報國-13（三谷号）〕と記載されているこの機体は、試作的要素が大きい九〇式艦上戦闘機一型で、1934年12月10日に羽田飛行場での献納式で撮影された写真をもとに作図。報國号は団体、個人の拠出金により調達される機材で、陸軍の場合は愛國号となっている。三谷号は富豪の未亡人三谷てい子女史からの多額の寄付金の一部により調達されている

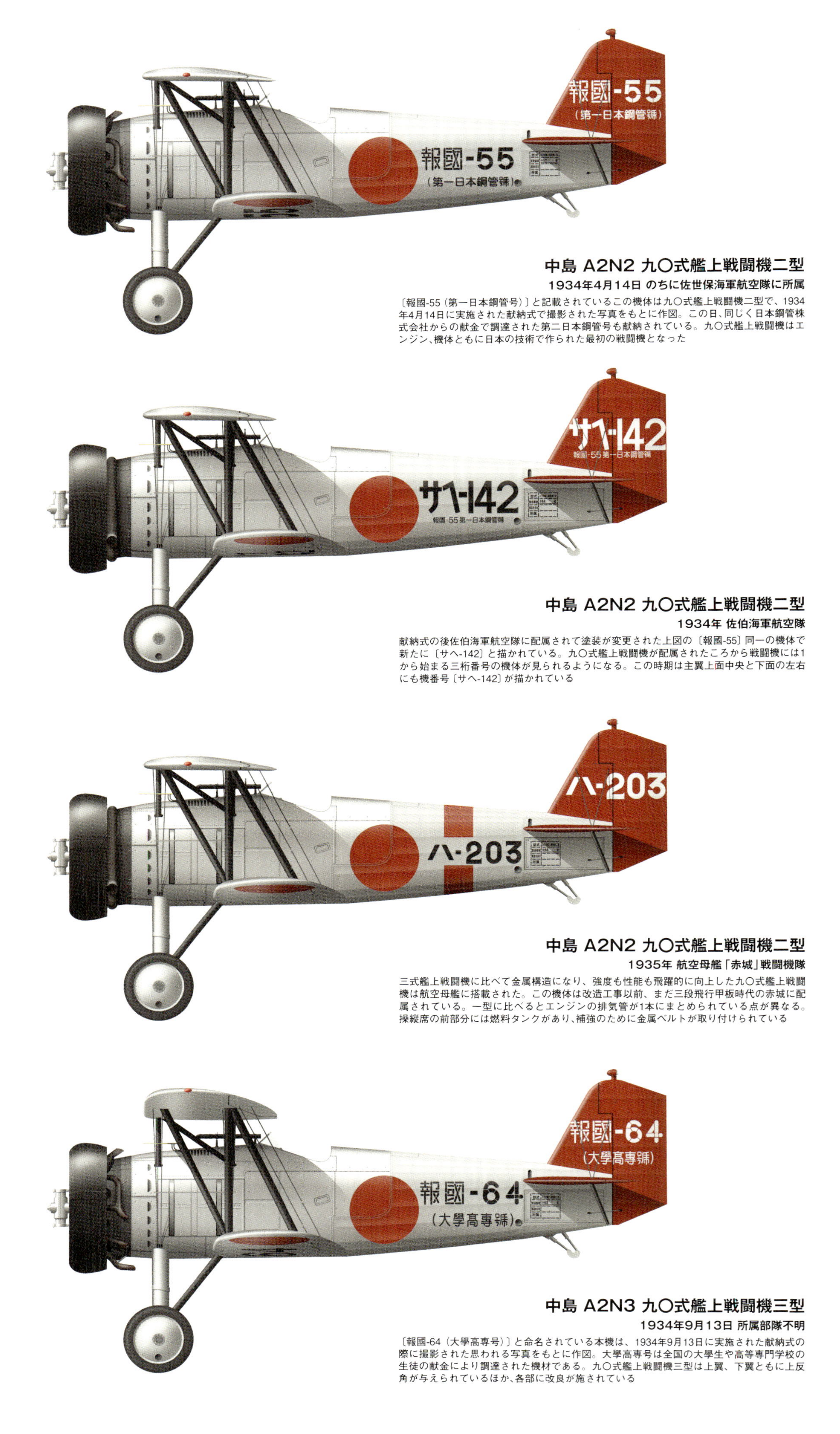

中島 A2N2 九〇式艦上戦闘機二型
1934年4月14日 のちに佐世保海軍航空隊に所属

〔報國-55（第一日本鋼管号）〕と記載されているこの機体は九〇式艦上戦闘機二型で、1934年4月14日に実施された献納式で撮影された写真をもとに作図。この日、同じく日本鋼管株式会社からの献金で調達された第二日本鋼管号も献納されている。九〇式艦上戦闘機はエンジン、機体ともに日本の技術で作られた最初の戦闘機となった

中島 A2N2 九〇式艦上戦闘機二型
1934年 佐伯海軍航空隊

献納式の後佐伯海軍航空隊に配属されて塗装が変更された上図の〔報國-55〕同一の機体で新たに〔サヘ-142〕と描かれている。九〇式艦上戦闘機が配属されたころから戦闘機には1から始まる三桁番号の機体が見られるようになる。この時期は主翼上面中央と下面の左右にも機番号〔サヘ-142〕が描かれている

中島 A2N2 九〇式艦上戦闘機二型
1935年 航空母艦「赤城」戦闘機隊

三式艦上戦闘機に比べて金属構造になり、強度も性能も飛躍的に向上した九〇式艦上戦闘機は航空母艦に搭載された。この機体は改造工事以前、まだ三段飛行甲板時代の赤城に配属されている。一型に比べるとエンジンの排気管が1本にまとめられている点が異なる。操縦席の前部分には燃料タンクがあり、補強のために金属ベルトが取り付けられている

中島 A2N3 九〇式艦上戦闘機三型
1934年9月13日 所属部隊不明

〔報國-64（大學高専号）〕と命名されている本機は、1934年9月13日に実施された献納式の際に撮影された思われる写真をもとに作図。大學高専号は全国の大學生や高等専門学校の生徒の献金により調達された機材である。九〇式艦上戦闘機三型は上翼、下翼ともに上反角が与えられているほか、各部に改良が施されている

中島 A2N3 九〇式艦上戦闘機三型
1937年5月 航空母艦「加賀」戦闘機隊

1935年末、2年に及ぶ改造工事が終了した航空母艦「加賀」は艦隊に復帰し、この際に九〇式艦上戦闘機が搭載された。1937年5月には艦隊の演習に参加し、飛行作業を実施。その際撮影された一連の写真がから垂直尾翼に白色で縦帯を、黄色で機体番号を描いた機体を作図した。白色帯、黄色の番号から小隊長クラスの搭乗機と考えられる

中島 A2N3 九〇式艦上戦闘機三型
1937年5月 航空母艦「加賀」戦闘機隊

この時期の航空母艦「加賀」の搭載機の写真を見ると、戦闘機は1から始まる三桁の数字、九四艦爆は2から始まる3桁の数字、八九艦攻は3から始まる三桁の数字という後の標準的なものになっている。「加賀」戦闘機隊は1937年8月の第二次上海事変に参加することになる。当時加賀の搭載機は九〇艦戦16機、九四艦爆16機、八九艦攻28機合計60機となっている

中島 A2N3 九〇式艦上戦闘機三型
1937年8月～9月 航空母艦「加賀」戦闘機隊

1937年7月に盧溝橋事件が発生、日中両軍が衝突。8月には戦火が上海にも飛び火。「加賀」は陸軍部隊輸送の護衛に従事した後、8月15日から南京方面の航空作戦に参加し、9月には公大（くんだ）飛行場に移動。これまの銀色に赤の保安塗粧だった姿から、濃緑色と土色の迷彩塗装に変更されている。「加賀」を示す標識がカタカナの「二」からアルファベットの「R」に変更されている

中島 A4N1 九五式艦上戦闘機
1937年8月 第12航空隊

盧溝橋事件に対し海軍は、佐伯海軍航空隊を基幹に第12航空隊を編成。30機を選抜して上海に派遣することになった。この際に銀色に後部が赤色の保安塗粧から、大陸の荒野の色合いに合わせて、全面土色の迷彩塗装が施された。1937年9月には上海公大飛行場に進出することになる

中島 A4N1 九五式艦上戦闘機

1937年後半 第12航空隊

上海に進出した後に撮影された写真をもとに作図。迷彩色は日の丸との対比から緑色の機体と考えた。胴体の白色帯は外征部隊を示す標識である。垂直尾翼には日の丸と同じ色調の帯が描かれていることから、隊長機を示しているのではないかと想定。このとき、すでに九六式艦上戦闘機が就役しており、九五艦戦の活躍時期はそう長くはなかった

中島 A4N1 九五式艦上戦闘機

1938年初頭 第12航空隊

この機体の番号は海軍戦闘機を示す1から始まる3桁に変更。また、地上員の識別を容易にするためカウリングにも小さく下2桁が描かれている。この機体は黒色で塗装されている脚柱の剥離が著しい。九六式艦上戦闘機が派遣されてくるようになると九五式艦上戦闘機は陸戦支援などの副次的な任務に就くようになり、翼下に爆弾架が取り付けられるようになった

中島 A4N1 九五式艦上戦闘機

1937年 航空母艦「龍驤」戦闘機隊 鈴木 実中尉機

1937年の上海事変に出動した際に、九〇式艦上戦闘機に交じって使用されていた機体と考えられる。「龍驤」に振り当てられた標識「ホ」に戦闘機を示す1から始まる3桁の数字を当てはめている。1937年以降は「イ」、「ロ」、「ハ」、「ニ」、「ホ」の示す標識に代わりアルファベットが使用されるようになっていく

中島 A4N1 九五式艦上戦闘機

1938年3月 航空母艦「蒼龍」戦闘機隊

1938年3月の広東攻略作戦に参加した当時の「蒼龍」艦上戦闘機隊の九五式艦上戦闘機。1937年まで使用されていた「イ」、「ロ」、「ハ」、「ニ」、「ホ」(ただし、イはほとんど使用されていない)で始まる識別標識からアルファベットを使用した艦名符号に変えられている。1938年後半には九五式艦上戦闘機から九六式艦上戦闘機に機種を変更している

中島 A4N1 九五式艦上戦闘機

1939年 第14航空隊

第14航空隊は中国南部の作戦を担当する部隊で1938年4月に編成された。すでにこの時期には中国空軍の活動も低調になり、駐機中に効果が高い迷彩の必要も低くなった。よって、銀と赤の保安塗粧を戻っている。すでに九六式艦上戦闘機が就役しており、九五式艦上戦闘機は陸戦支援など副次的な任務に就くようになった。そのため、翼下には小型爆弾の弾架を装備している

▶実用的な最初の国産戦闘機となった三式艦上戦闘機で、空母「加賀」艦上戦闘機隊所属の〔ニ-203〕。この「ニ」が当時の「加賀」の区分字となっていた。尾翼の保安塗粧に加え、胴体後方に第1航空戦隊を表す赤色帯1本を巻いている

▲海軍版献納機（陸軍版は愛國号）である報國号の九〇式艦上戦闘機三型。尾翼の保安塗粧の上からと胴体の日の丸後方に〔報國-64 大学高専号〕と大書されている。こうした文字は部隊配備後に丁寧に機番号に書き換えられた

▲九〇艦戦のアップデート版ともいえる九五式艦上戦闘機で、こちらは空母「龍驤」艦戦隊の所属機。本機も胴体後方に第1航空戦隊を表す赤帯1本を巻いている

▼報國号は個人や団体の醵金によって製作され（国債の購入のようになっており、機種ごとに金額が決められていた）、完成のあかつきには海軍関係者立ち会いのもと、醵金者を招いて挙行された。写真は初期の献納式の様子で、この時は報國-13から18までの実に6機が個人で献納された。名前はいずれも〔三谷号〕となっているが、のちに、こうした複数になる場合は「第一○○号」、「第二○○号」などと名付けられるようになった

九六式艦上戦闘機

Mitsubishi A5M1/A5M2a/A5M2b/A5M4 CLAUDE

昭和6（1931）年に海軍航空本部技術部長に就任した山本五十六少将は、「航空技術自立計画」を提唱。すでに4ページで記したように、この頃までに国産軍用機の開発が行なわれていたものの、さらに強固な航空技術を育成する狙いがあった。

昭和9年の九試計画もそのひとつで、三菱と中島に「九試単座戦闘機」として開発が命じられた。「艦上機」という制約をあえて外し、速度や上昇力の向上を目指すもので、当時の海軍航空の柔軟な姿勢が見て取れる。

三菱では、七試艦戦に続き堀越二郎技師を設計主務者として開発に着手。失敗に終わった七試艦戦の原因も考慮し、空気抵抗の減少と重量軽減を重視することとした。薄い主翼、細い胴体、沈頭鋲の採用などで重量と抵抗の減少を徹底、この方針は細部に及んだ。

試作1号機の完成は昭和10年1月。翌月のテスト飛行では九〇式艦戦や九五式艦戦など、当時の戦闘機を大きく引き離す最大速度を発揮した。予想以上の高性能に、関係者は驚きを通り越してなにかの手違いを疑ったほどである。

九六式一号艦上戦闘機としての兵器採用は昭和11（1936）年11月のことで、同じく三菱製の九六式陸上攻撃機によって日本海軍航空は世界的レベルへと一気に飛翔した。

昭和12年9月にはエンジンを換装した性能向上型、九六式二号艦上戦闘機一型が、昭和14年2月には最終にして最多生産型となる九六式四号艦上戦闘機が採用された。この間、エンジン、プロペラ、風防などの改修が続き、外見では脚部や操縦席後方のフェアリングなどに顕著な違いが認められる。なお、液冷エンジン装備の三号は不採用となった。

九六式艦戦は第13航空隊や空母「加賀」艦戦隊による活躍を皮切りに、優れた性能で中国空軍機を圧倒した。しかし航続距離の短さだけはいかんともしがたく、中国奥地の重慶、成都を爆撃に向かう九六式陸上攻撃機には随伴できなかった。このため後継機の零戦に主力を譲ることになるが、制空、掩護、迎撃だけでなく、地上戦への協力などでも貢献度は絶大であった。太平洋戦争開戦初期にいたっても、まだにはまだ一部の空母や中部太平洋、南西方面などの基地航空隊で使用されており、昭和17（1942）年5月には空母「祥鳳」に搭載されて珊瑚海海戦にも参加している。

以後は練習戦闘機などに使用されたが、特攻出撃の例もなく、また大きな損害も受けることのなかった九六式艦戦の生涯は、栄光に彩られていると言ってよい。〔文／松田孝宏〕

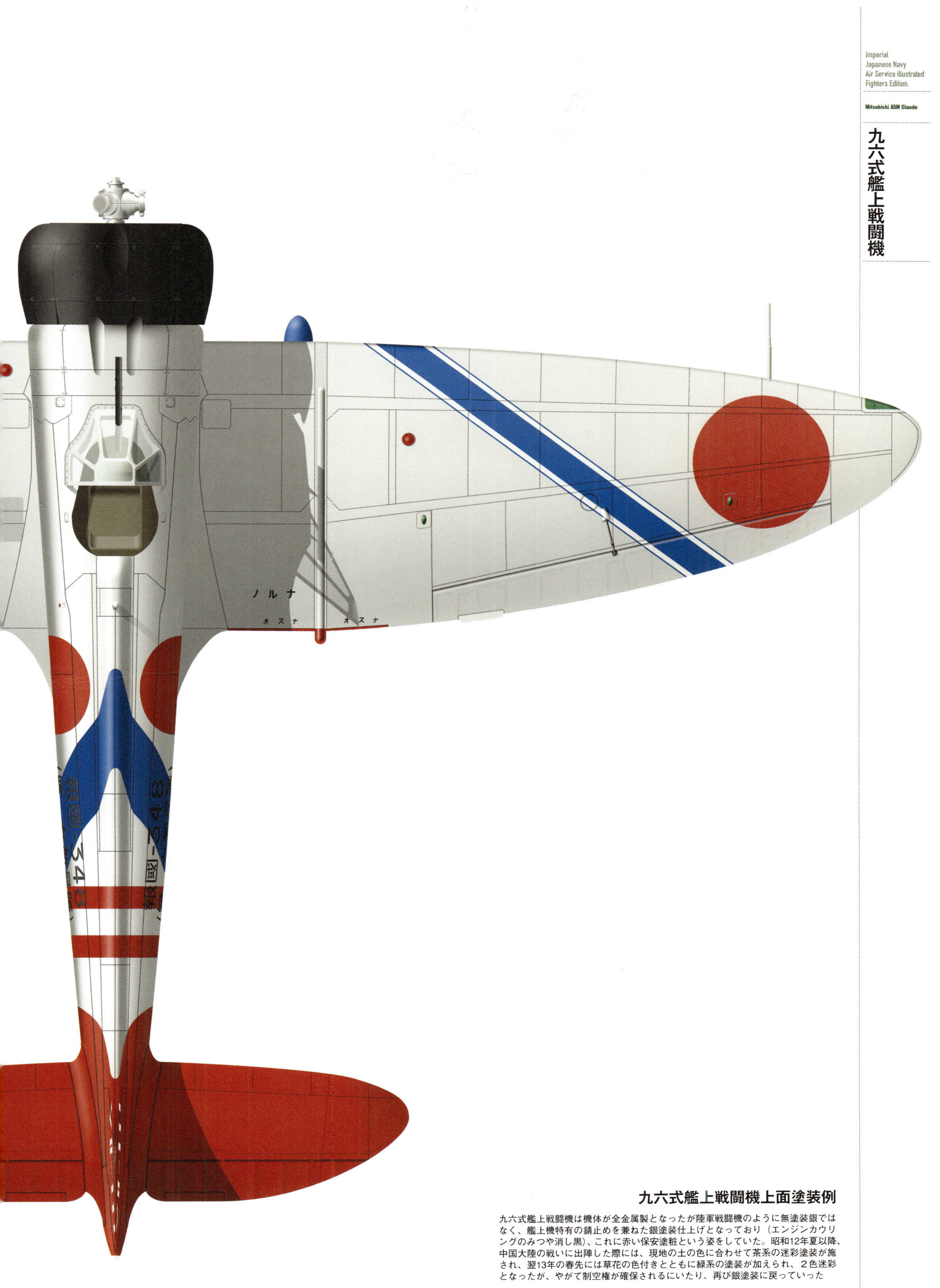

九六式艦上戦闘機上面塗装例

九六式艦上戦闘機は機体が全金属製となったが陸軍戦闘機のように無塗装銀ではなく、艦上機特有の錆止めを兼ねた銀塗装仕上げとなっており（エンジンカウリングのみつや消し黒）、これに赤い保安塗粧という姿をしていた。昭和12年夏以降、中国大陸の戦いに出陣した際には、現地の土の色に合わせて茶系の迷彩塗装が施され、翌13年の春先には草花の色付きとともに緑系の塗装が加えられ、２色迷彩となったが、やがて制空権が確保されるにいたり、再び銀塗装に戻っていった

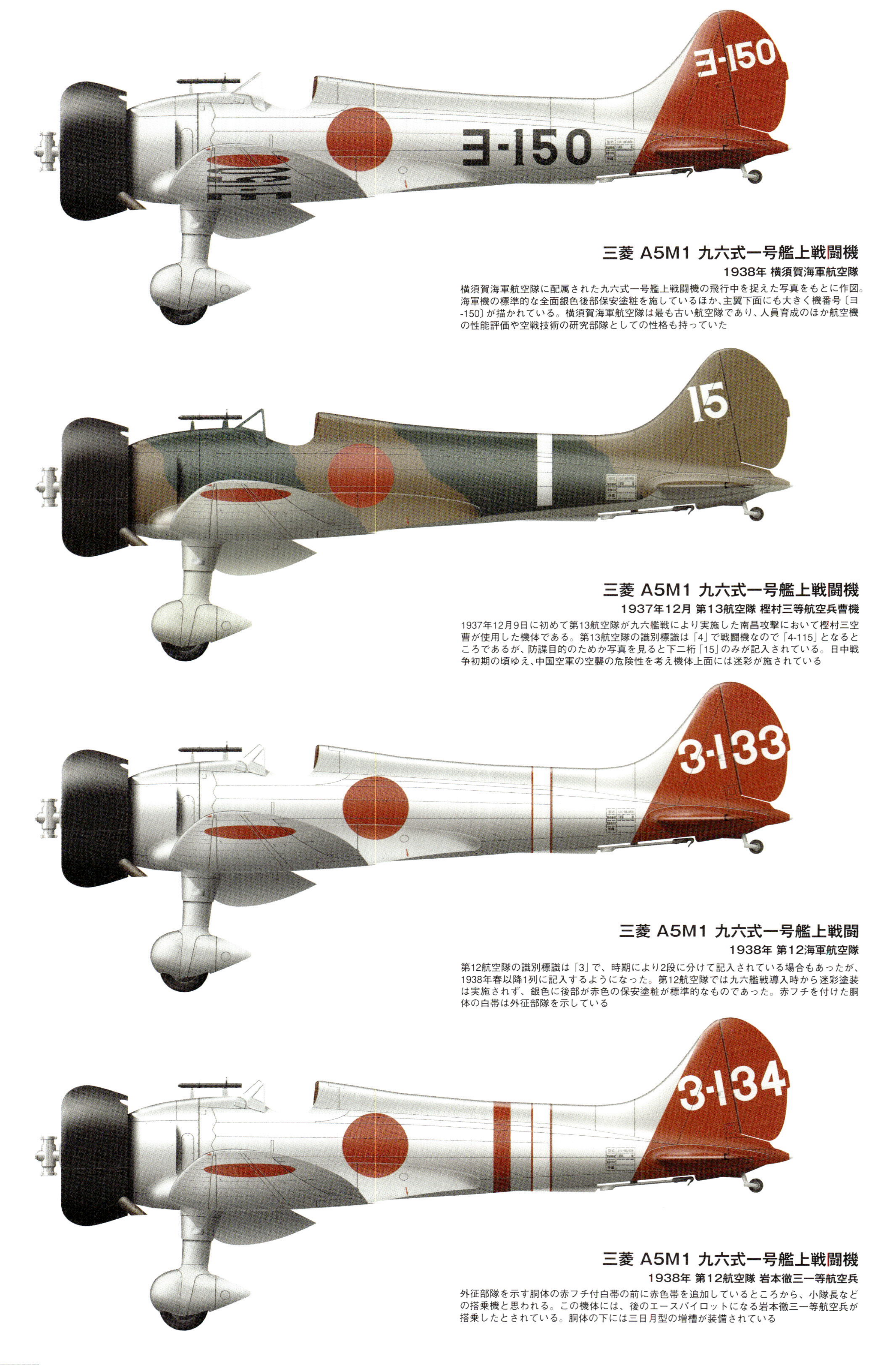

三菱 A5M1 九六式一号艦上戦闘機

1938年 横須賀海軍航空隊

横須賀海軍航空隊に配属された九六式一号艦上戦闘機の飛行中を捉えた写真をもとに作図。海軍機の標準的な全面銀色後部保安塗粧を施しているほか、主翼下面にも大きく機番号〔ヨ-150〕が描かれている。横須賀海軍航空隊は最も古い航空隊であり、人員育成のほか航空機の性能評価や空戦技術の研究部隊としての性格も持っていた

三菱 A5M1 九六式一号艦上戦闘機

1937年12月 第13航空隊 樫村三等航空兵曹機

1937年12月9日に初めて第13航空隊が九六艦戦により実施した南昌攻撃において樫村三空曹が使用した機体である。第13航空隊の識別標識は「4」で戦闘機なので「4-115」となるところであるが、防諜目的のためか写真を見ると下二桁「15」のみが記入されている。日中戦争初期の頃ゆえ、中国空軍の空襲の危険性を考え機体上面には迷彩が施されている

三菱 A5M1 九六式一号艦上戦闘

1938年 第12海軍航空隊

第12航空隊の識別標識は「3」で、時期により2段に分けて記入されている場合もあったが、1938年春以降1列に記入するようになった。第12航空隊では九六艦戦導入時から迷彩塗装は実施されず、銀色に後部が赤色の保安塗粧が標準的なものであった。赤フチを付けた胴体の白帯は外征部隊を示している

三菱 A5M1 九六式一号艦上戦闘機

1938年 第12航空隊 岩本徹三一等航空兵

外征部隊を示す胴体の赤フチ付白帯の前に赤色帯を追加しているところから、小隊長などの搭乗機と思われる。この機体には、後のエースパイロットになる岩本徹三一等航空兵が搭乗したとされている。胴体の下には三日月型の増槽が装備されている

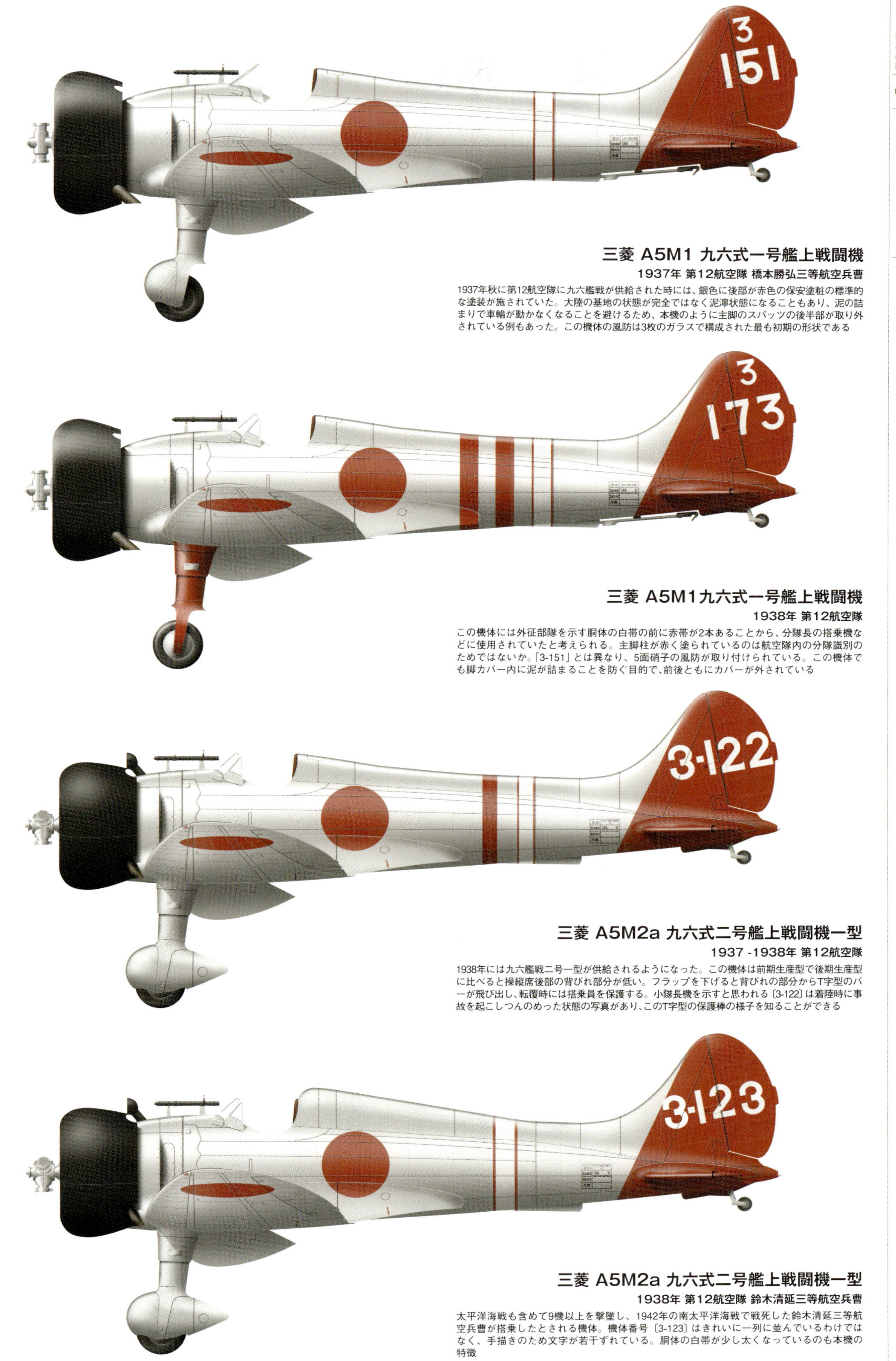

三菱 A5M1 九六式一号艦上戦闘機

1937年 第12航空隊 橋本勝弘三等航空兵曹

1937年秋に第12航空隊に九六艦戦が供給された時には、銀色に後部が赤色の保安塗粧の標準的な塗装が施されていた。大陸の基地の状態が完全ではなく泥濘状態になることもあり、泥の詰まりで車輪が動かなくなることを避けるため、本機のように主脚のスパッツの後半部が取り外されている例もあった。この機体の風防は3枚のガラスで構成された最も初期の形状である

三菱 A5M1九六式一号艦上戦闘機

1938年 第12航空隊

この機体には外征部隊を示す胴体の白帯の前に赤帯が2本あることから、分隊長の搭乗機などに使用されていたと考えられる。主脚柱が赤く塗られているのは航空隊内の分隊識別のためではないか。「3-151」とは異なり、5面硝子の風防が取り付けられている。この機体でも脚カバー内に泥が詰まることを防ぐ目的で、前後ともにカバーが外されている

三菱 A5M2a 九六式二号艦上戦闘機一型

1937 -1938年 第12航空隊

1938年には九六艦戦二号一型が供給されるようになった。この機体は前期生産型で後期生産型に比べると操縦席後部の背びれ部分が低い。フラップを下げると背びれの部分からT字型のバーが飛び出し、転覆時には搭乗員を保護する。小隊長機を示すと思われる〔3-122〕は着陸時に事故を起こしつんのめった状態の写真があり、このT字型の保護棒の様子を知ることができる

三菱 A5M2a 九六式二号艦上戦闘機一型

1938年 第12航空隊 鈴木清延三等航空兵曹

太平洋海戦も含めて9機以上を撃墜し、1942年の南太平洋海戦で戦死した鈴木清延三等航空兵曹が搭乗したとされる機体。機体番号〔3-123〕はきれいに一列に並んでいるわけではなく、手描きのため文字が若干ずれている。胴体の白帯が少し太くなっているのも本機の特徴

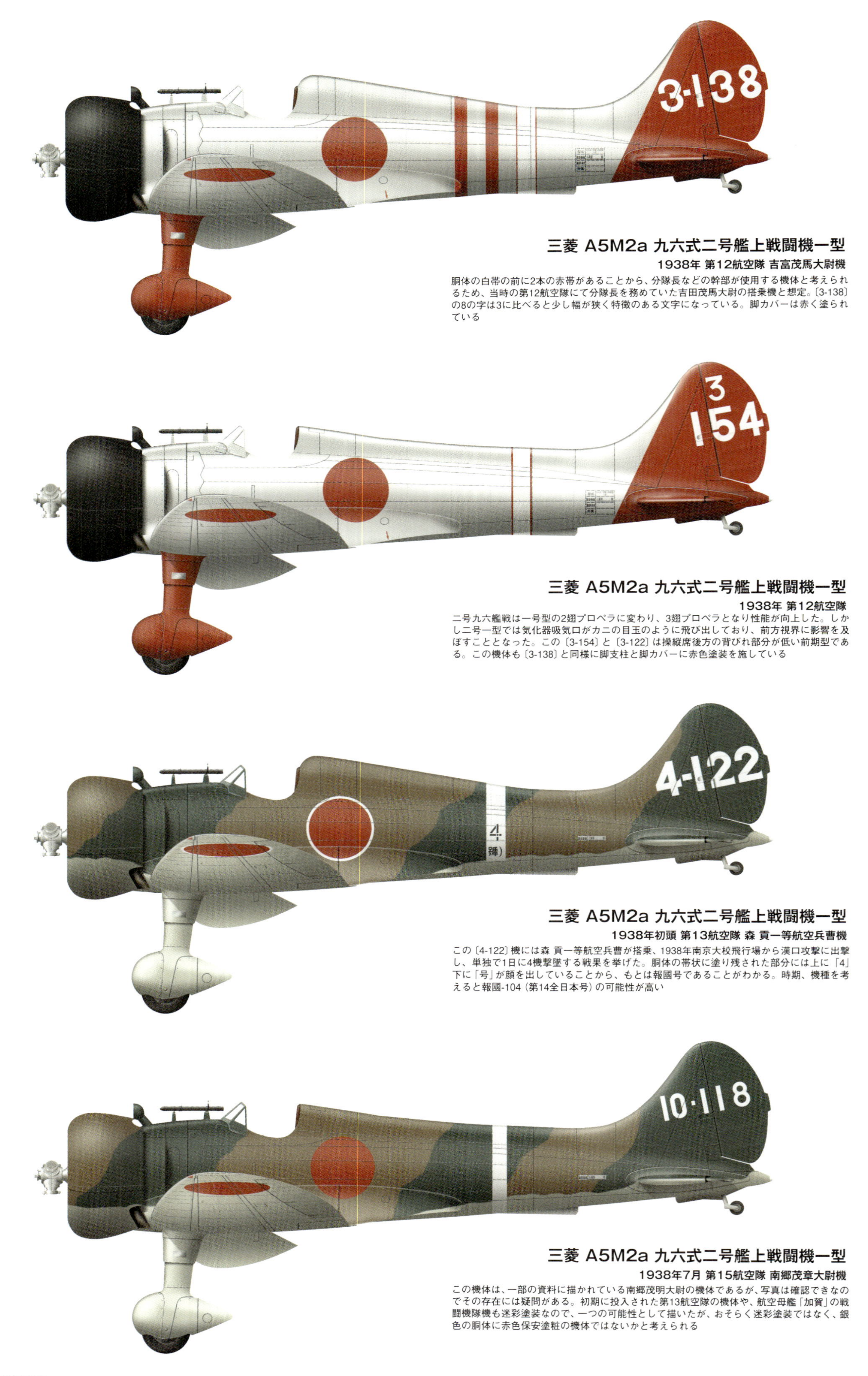

三菱 A5M2a 九六式二号艦上戦闘機一型

1938年 第12航空隊 吉富茂馬大尉機

胴体の白帯の前に2本の赤帯があることから、分隊長などの幹部が使用する機体と考えられるため、当時の第12航空隊にて分隊長を務めていた吉田茂馬大尉の搭乗機と想定。〔3-138〕の8の字は3に比べると少し幅が狭く特徴のある文字になっている。脚カバーは赤く塗られている

三菱 A5M2a 九六式二号艦上戦闘機一型

1938年 第12航空隊

二号九六艦戦は一号型の2翅プロペラに変わり、3翅プロペラとなり性能が向上した。しかし二号一型では気化器吸気口がカニの目玉のように飛び出しており、前方視界に影響を及ぼすこととなった。この〔3-154〕と〔3-122〕は操縦席後方の背びれ部分が低い前期型である。この機体も〔3-138〕と同様に脚支柱と脚カバーに赤色塗装を施している

三菱 A5M2a 九六式二号艦上戦闘機一型

1938年初頭 第13航空隊 森 貢一等航空兵曹機

この〔4-122〕機には森 貢一等航空兵曹が搭乗、1938年南京大校飛行場から漢口攻撃に出撃し、単独で1日に4機撃墜する戦果を挙げた。胴体の帯状に塗り残された部分には上に「4」下に「号」が顔を出していることから、もとは報國号であることがわかる。時期、機種を考えると報國-104（第14全日本号）の可能性が高い

三菱 A5M2a 九六式二号艦上戦闘機一型

1938年7月 第15航空隊 南郷茂章大尉機

この機体は、一部の資料に描かれている南郷茂明大尉の機体であるが、写真は確認できなのでその存在には疑問がある。初期に投入された第13航空隊の機体や、航空母艦「加賀」の戦闘機隊機も迷彩塗装なので、一つの可能性として描いたが、おそらく迷彩塗装ではなく、銀色の胴体に赤色保安塗粧の機体ではないかと考えられる

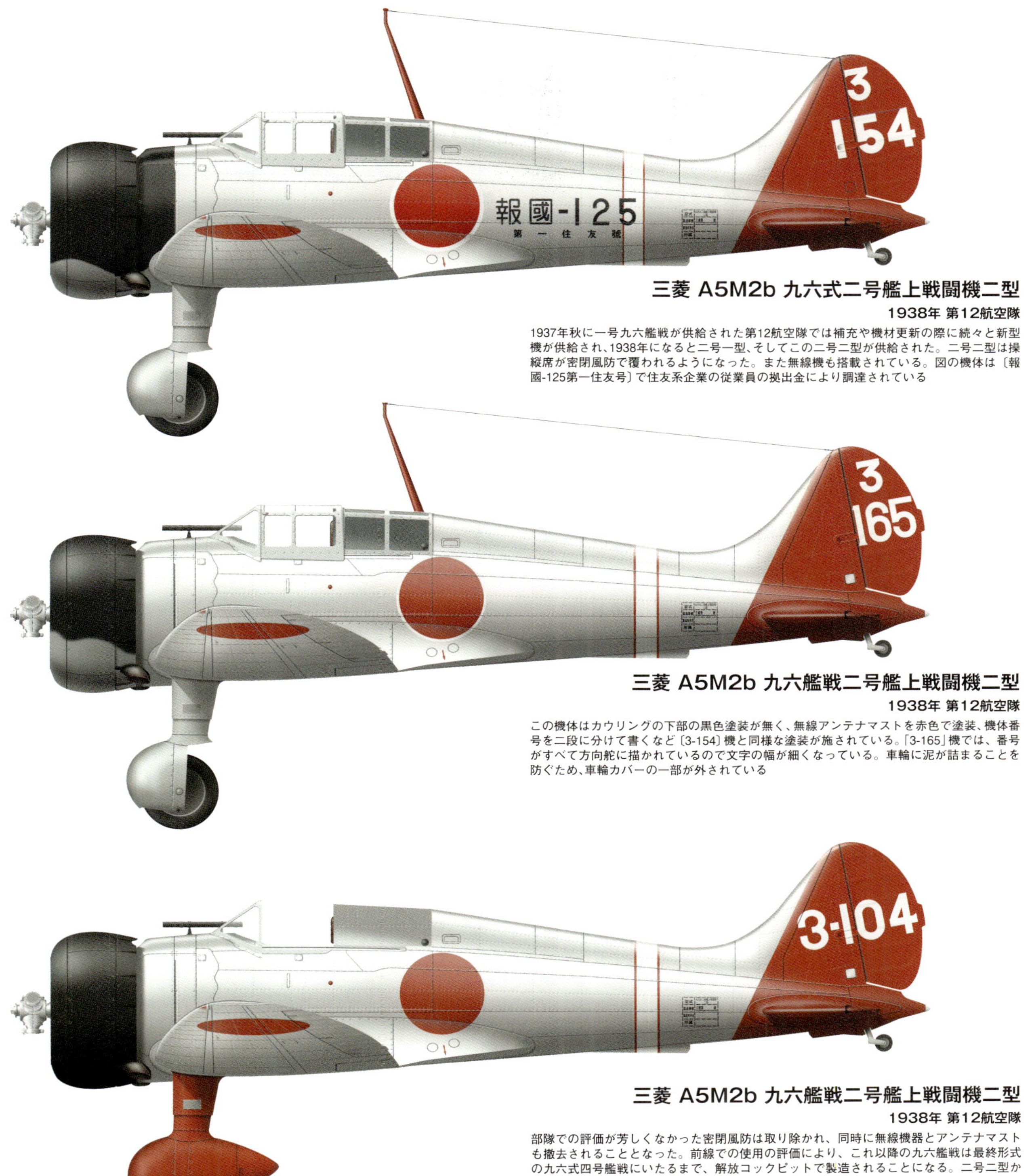

三菱 A5M2b 九六式二号艦上戦闘機二型

1938年 第12航空隊

1937年秋に一号九六艦戦が供給された第12航空隊では補充や機材更新の際に続々と新型機が供給され、1938年になると二号一型、そしてこの二号二型が供給された。二号二型は操縦席が密閉風防で覆われるようになった。また無線機も搭載されている。図の機体は〔報國-125第一住友号〕で住友系企業の従業員の拠出金により調達されている

三菱 A5M2b 九六艦戦二号艦上戦闘機二型

1938年 第12航空隊

この機体はカウリングの下部の黒色塗装が無く、無線アンテナマストを赤色で塗装、機体番号を二段に分けて書くなど〔3-154〕機と同様な塗装が施されている。「3-165」機では、番号がすべて方向舵に描かれているので文字の幅が細くなっている。車輪に泥が詰まることを防ぐため、車輪カバーの一部が外されている

三菱 A5M2b 九六艦戦二号艦上戦闘機二型

1938年 第12航空隊

部隊での評価が芳しくなかった密閉風防は取り除かれ、同時に無線機器とアンテナマストも撤去されることとなった。前線での使用の評価により、これ以降の九六艦戦は最終形式の九六式四号艦戦にいたるまで、解放コックピットで製造されることになる。二号二型から主脚が強化され、650×120㎜の大型タイヤが使用されている

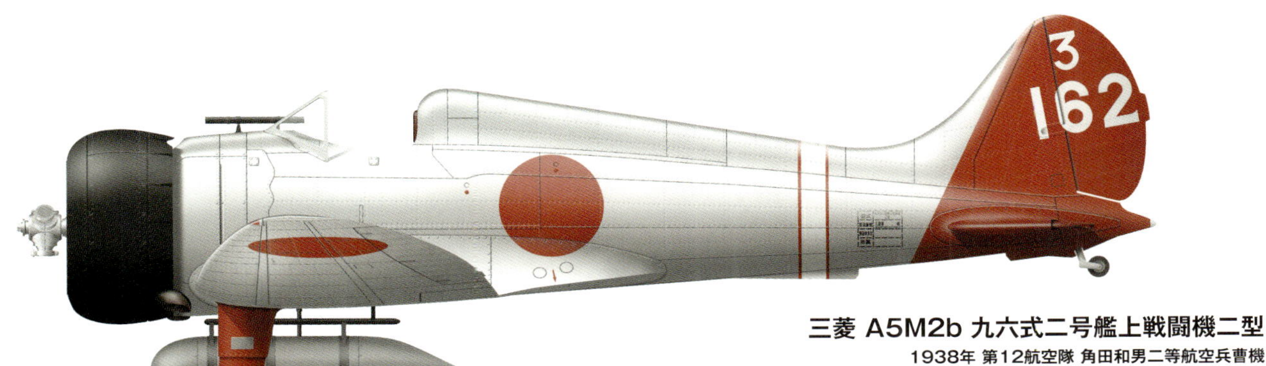

三菱 A5M2b 九六式二号艦上戦闘機二型

1938年 第12航空隊 角田和男二等航空兵曹機

図の機体は部隊での使用実績から解放コクピット仕様で再設計された二号二型であるが、操縦席前方の風防は密閉風防の時期と同じものを使用している過渡期的な機体である。この形状の風房の視界はあまりよくなくやがて、正面の硝子の幅が狭い5面風防に変化していく。その過程でいくつかの形状の風防が試されている

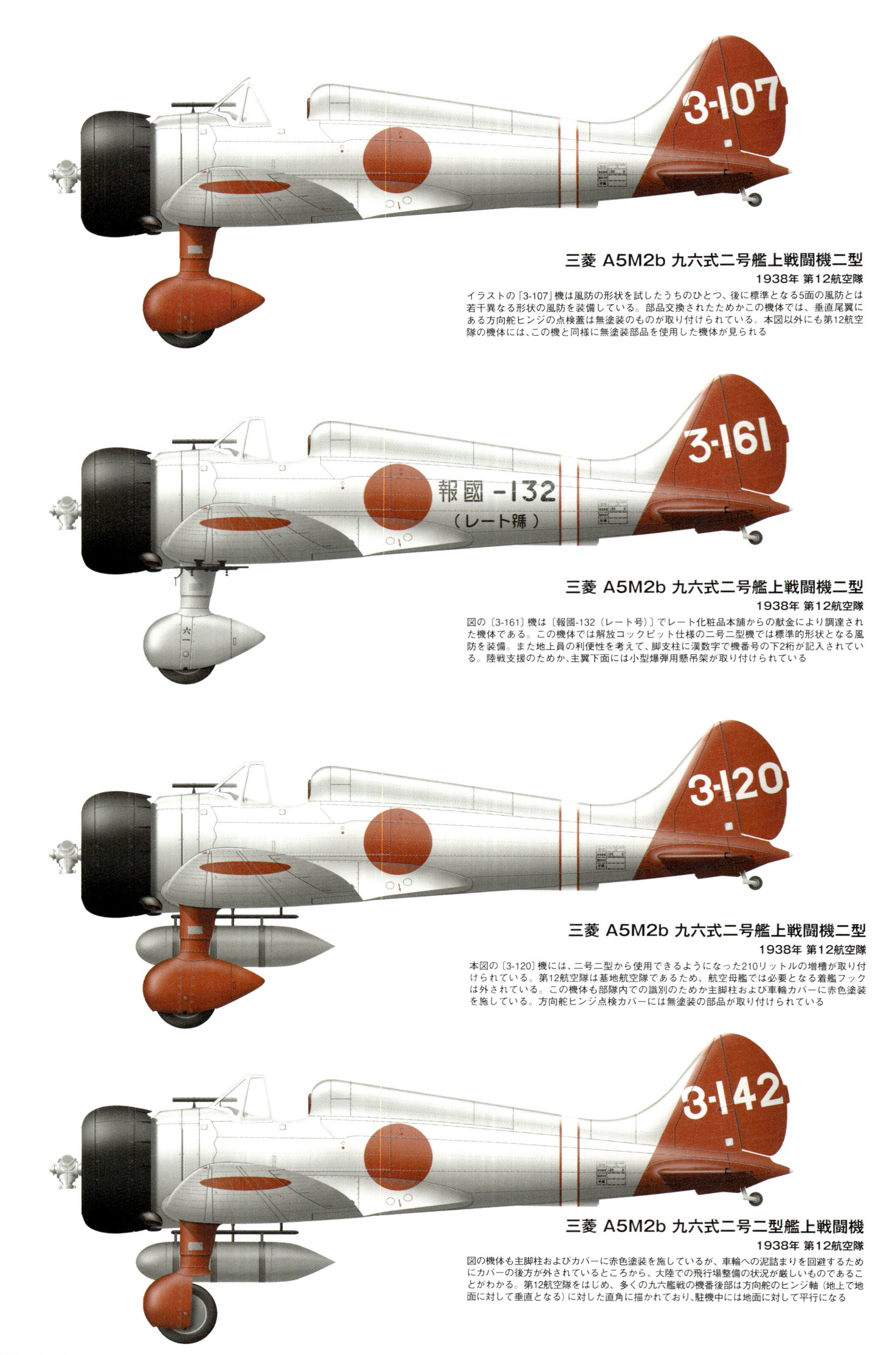

三菱 A5M2b 九六式二号艦上戦闘機二型

1938年 第12航空隊

イラストの「3-107」機は風防の形状を試したうちのひとつ、後に標準となる5面の風防とは若干異なる形状の風防を装備している。部品交換されたためかこの機体では、垂直尾翼にある方向舵ヒンジの点検蓋は無塗装のものが取り付けられている。本図以外にも第12航空隊の機体には、この機と同様に無塗装部品を使用した機体が見られる

三菱 A5M2b 九六式二号艦上戦闘機二型

1938年 第12航空隊

図の〔3-161〕機は〔報國-132（レート号）〕でレート化粧品本舗からの献金により調達された機体である。この機体では解放コックピット仕様の二号二型機では標準的形状となる風防を装備。また地上員の利便性を考えて、脚支柱に漢数字で機番号の下2桁が記入されている。陸戦支援のためか、主翼下面には小型爆弾用懸吊架が取り付けられている

三菱 A5M2b 九六式二号艦上戦闘機二型

1938年 第12航空隊

本図の〔3-120〕機には、二号二型から使用できるようになった210リットルの増槽が取り付けられている。第12航空隊は基地航空隊であるため、航空母艦では必要となる着艦フックは外されている。この機体も部隊内での識別のためか主脚柱および車輪カバーに赤色塗装を施している。方向舵ヒンジ点検カバーには無塗装の部品が取り付けられている

三菱 A5M2b 九六式二号二型艦上戦闘機

1938年 第12航空隊

図の機体も主脚柱およびカバーに赤色塗装を施しているが、車輪への泥詰まりを回避するためにカバーの後方が外されているところから、大陸での飛行場整備の状況が厳しいものであることがわかる。第12航空隊をはじめ、多くの九六艦戦の機番後部は方向舵のヒンジ軸（地上で地面に対して垂直となる）に対した直角に描かれており、駐機中には地面に対して平行になる

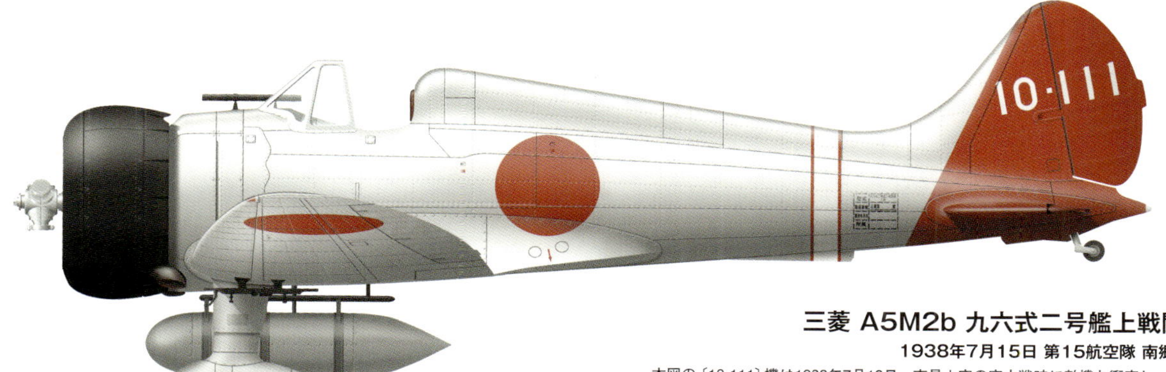

三菱 A5M2b 九六式二号艦上戦闘機二型

1938年7月15日 第15航空隊 南郷茂章大尉機

本図の〔10-111〕機は1938年7月18日、南昌上空の空中戦時に敵機と衝突し、湖水に墜落戦死した南郷大尉搭乗機。7月15日に南昌を攻撃した際に使用した機体を戦闘詳報より再現した。以前は迷彩塗装を施していた第15航空隊の機体も、この時期には銀色に後部が赤色の保安塗粧の標準塗装に変更されている

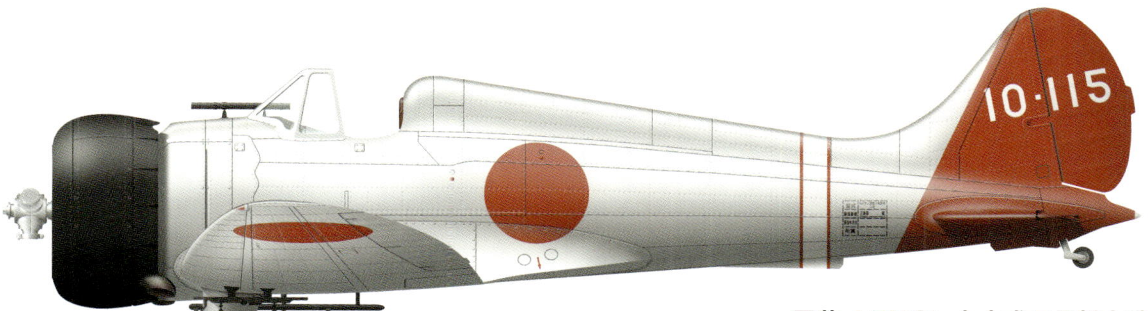

三菱 A5M2b 九六式二号艦上戦闘機二型

1938年7月15日 第15航空隊 近藤政市三等航空兵曹機

「蒼龍」戦闘機隊を基幹要員として編成された第15航空隊の識別標識は〔10〕であり1938年7月、安徽省慶安を基地として漢口攻撃作戦に参加。7月15日に出撃した際の近藤三空曹搭乗機を戦闘詳報により再現した。写真を見ると背景には迷彩塗装を施した九五艦戦が見られる。7月当時は九六艦戦の供給が充分ではなく、九五艦戦との混成部隊であったことがわかる

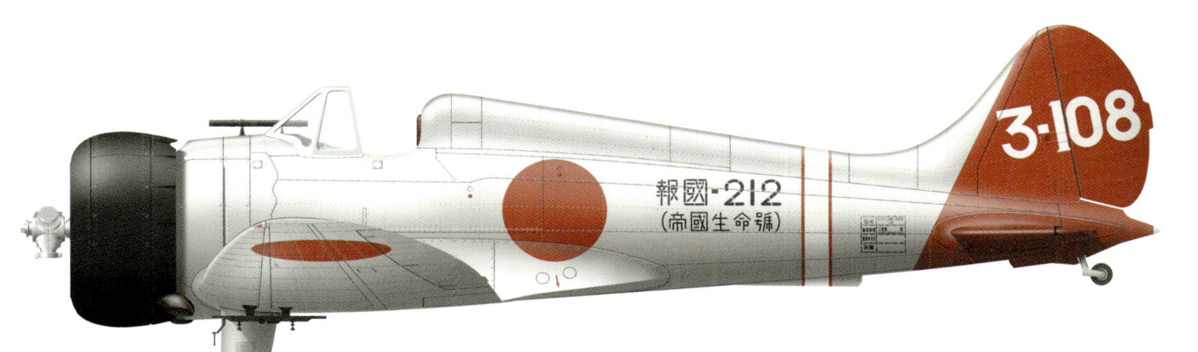

三菱 A5M2b 九六式二号艦上戦闘機二型

1938年 第12航空隊 青木恭作一等航空兵曹機

本図の〔3-108〕機は1938年10月15日に羽田飛行場で献納式が実施された〔報國-212（帝國生命号）〕で、同機の写真には青木恭作一等航空兵曹が写っていることから、青木一空曹の搭乗機と思われる。第12航空隊の識別標識「3」の字には、ひらかなの「ろ」の字のようなものとアラビア用数字の「3」の字の両方が存在する。隊内の区分による可能性もある

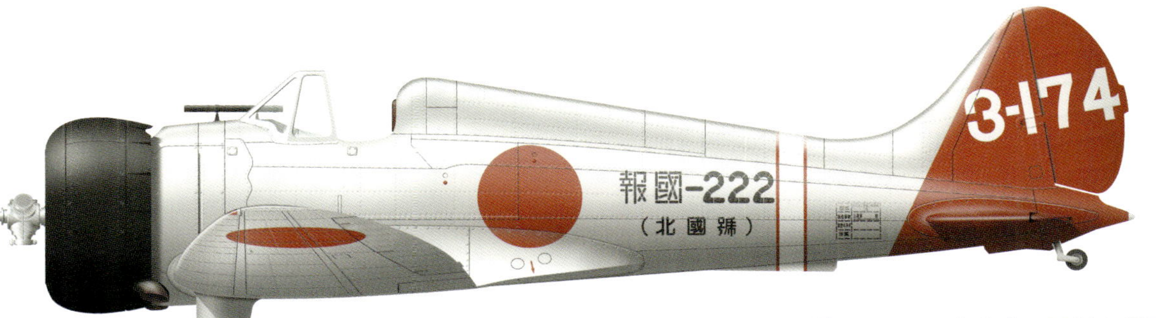

三菱 A5M2b 九六式二号艦上戦闘機二型

1938年 第12航空隊

本図の「3-174」機は金沢市に本社を置く株式会社北国（ほっこく）新聞社により献納された報國-222（北國号）である。北國号に使用されている「号」の字の右側「虎」の部分はトラと読める「乕」の字が使用されており、他の報國号でも同様の書体が用いられた。この機体も〔3-161〕機と同様に主脚柱に漢数字で機番号〔七四〕が描かれている

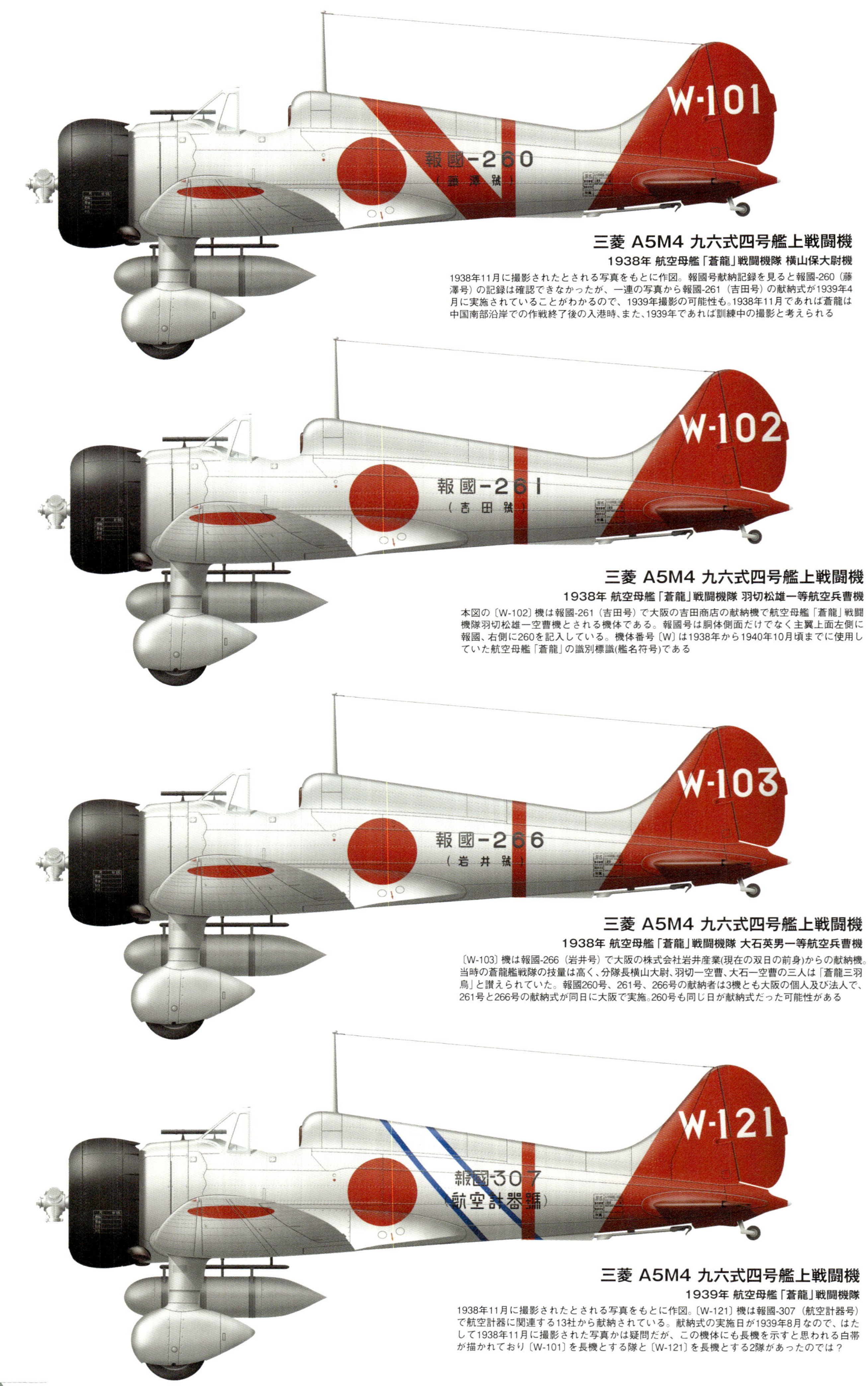

三菱 A5M4 九六式四号艦上戦闘機
1938年 航空母艦「蒼龍」戦闘機隊 横山保大尉機

1938年11月に撮影されたとされる写真をもとに作図。報國号献納記録を見ると報國-260（藤澤号）の記録は確認できなかったが、一連の写真から報國-261（吉田号）の献納式が1939年4月に実施されていることがわかるので、1939年撮影の可能性も。1938年11月であれば蒼龍は中国南部沿岸での作戦終了後の入港時、また、1939年であれば訓練中の撮影と考えられる

三菱 A5M4 九六式四号艦上戦闘機
1938年 航空母艦「蒼龍」戦闘機隊 羽切松雄一等航空兵曹機

本図の〔W-102〕機は報國-261（吉田号）で大阪の吉田商店の献納機で航空母艦「蒼龍」戦闘機隊羽切松雄一空曹機とされる機体である。報國号は胴体側面だけでなく主翼上面左側に報國、右側に260を記入している。機体番号〔W〕は1938年から1940年10月頃までに使用していた航空母艦「蒼龍」の識別標識(艦名符号)である

三菱 A5M4 九六式四号艦上戦闘機
1938年 航空母艦「蒼龍」戦闘機隊 大石英男一等航空兵曹機

〔W-103〕機は報國-266（岩井号）で大阪の株式会社岩井産業(現在の双日の前身)からの献納機。当時の蒼龍艦戦隊の技量は高く、分隊長横山大尉、羽切一空曹、大石一空曹の三人は「蒼龍三羽烏」と讃えられていた。報國260号、261号、266号の献納者は3機とも大阪の個人及び法人で、261号と266号の献納式が同日に大阪で実施。260号も同じ日が献納式だった可能性がある

三菱 A5M4 九六式四号艦上戦闘機
1939年 航空母艦「蒼龍」戦闘機隊

1938年11月に撮影されたとされる写真をもとに作図。〔W-121〕機は報國-307（航空計器号）で航空計器に関連する13社から献納されている。献納式の実施日が1939年8月なので、はたして1938年11月に撮影された写真かは疑問だが、この機体にも長機を示すと思われる白帯が描かれており〔W-101〕を長機とする隊と〔W-121〕を長機とする2隊があったのでは？

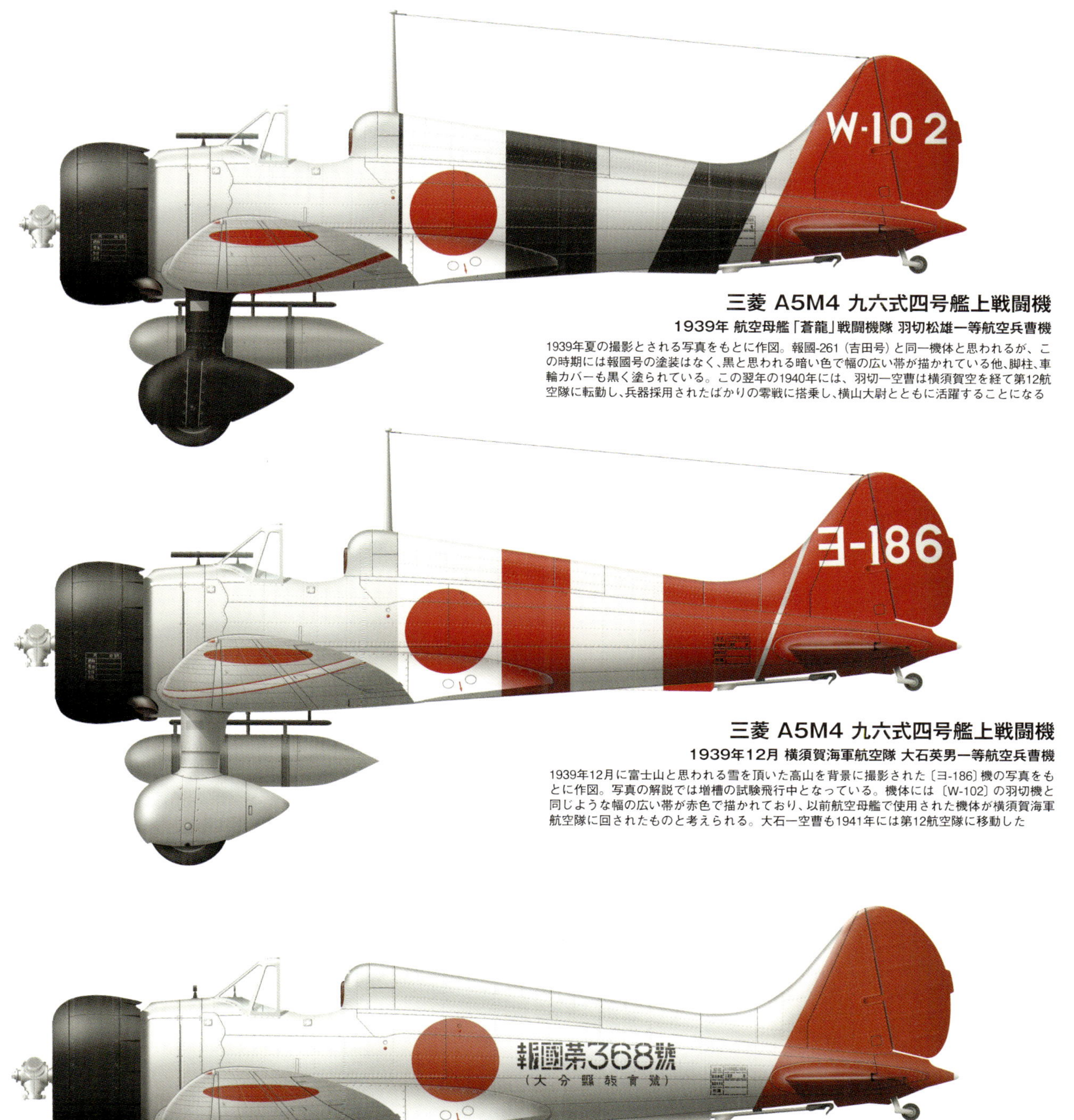

三菱 A5M4 九六式四号艦上戦闘機

1939年 航空母艦「蒼龍」戦闘機隊 羽切松雄一等航空兵曹機

1939年夏の撮影とされる写真をもとに作図。報國-261（吉田号）と同一機体と思われるが、この時期には報國号の塗装はなく、黒と思われる暗い色で幅の広い帯が描かれている他、脚柱、車輪カバーも黒く塗られている。この翌年の1940年には、羽切一空曹は横須賀空を経て第12航空隊に転勤し、兵器採用されたばかりの零戦に搭乗し、横山大尉とともに活躍することになる

三菱 A5M4 九六式四号艦上戦闘機

1939年12月 横須賀海軍航空隊 大石英男一等航空兵曹機

1939年12月に富士山と思われる雪を頂いた高山を背景に撮影された〔ヨ-186〕機の写真をもとに作図。写真の解説では増槽の試験飛行中となっている。機体には〔W-102〕の羽切機と同じような幅の広い帯が赤色で描かれており、以前航空母艦で使用された機体が横須賀海軍航空隊に回されたものと考えられる。大石一空曹も1941年には第12航空隊に移動した

三菱 A5M4 九六式四号艦上戦闘機

1940年3月26日 所属部隊不明

報國号の記載方法や書体はある時期には一定のパターンがありそれが踏襲されていることがわかる。九六艦戦から零戦の時期、写真で確認できる範囲では〔報國-132号〕から〔報國-278号〕まではほぼおなじ書体が使用され、この〔報國第368号〕の書体と記載方法は後の零戦二一型〔報國第437号〕〔報國第439号〕に使用されている

三菱 A5M4 九六式四号艦上戦闘機

1940年 第14航空隊

1939年8月に仙台で献納式が実施された〔報國-317（宮城水産号）〕は第14航空隊への配備後に尾翼の機番号を〔9-137〕と書き換えられている。書き換え後の1940年1月20日、作戦終了後に海口飛行場へ（海南島）移動中に撮影された写真をもとに作図。この機体の保安塗粧は標準的なものに比べて少し幅が狭い

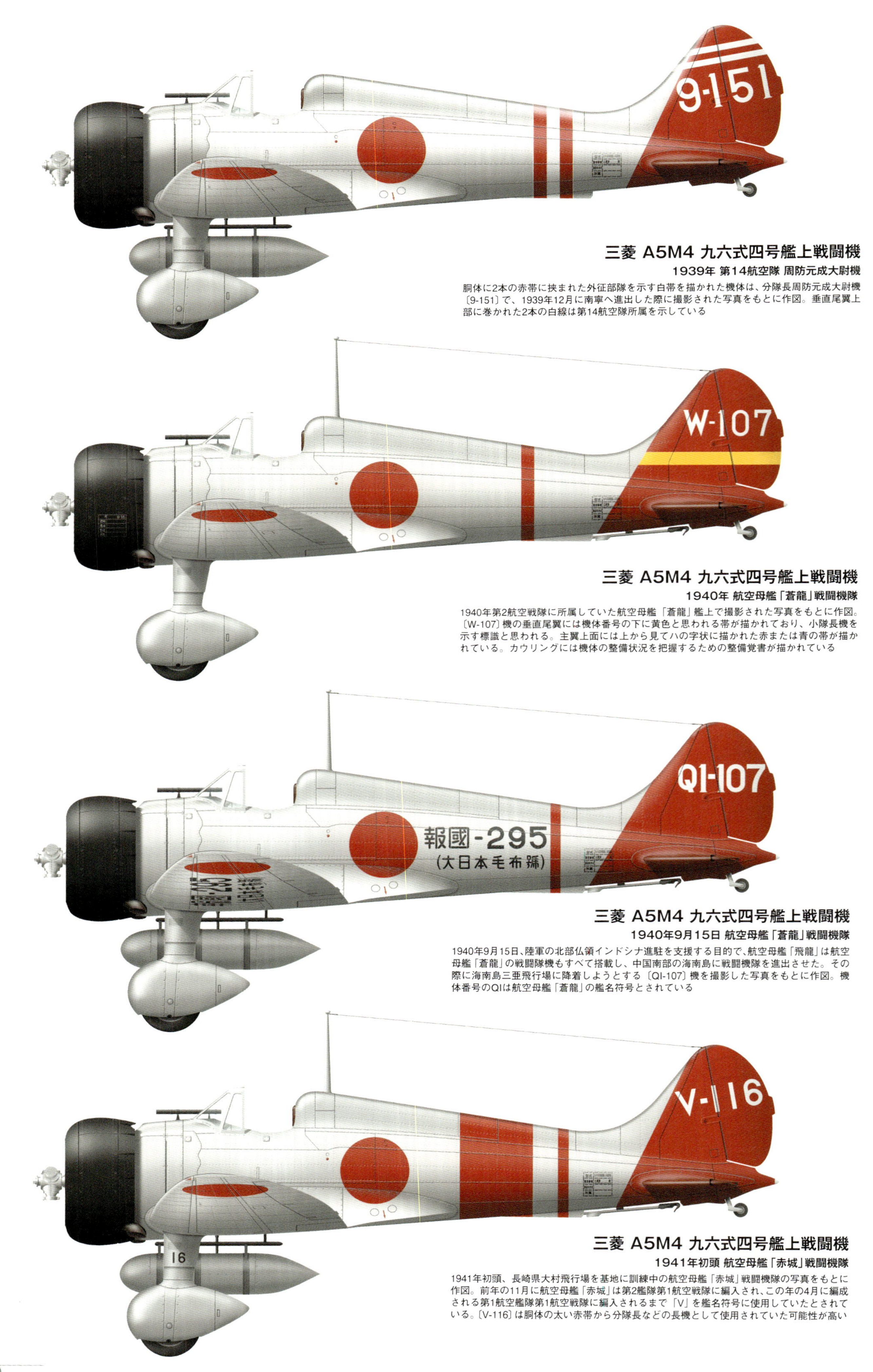

三菱 A5M4 九六式四号艦上戦闘機

1939年 第14航空隊 周防元成大尉機

胴体に2本の赤帯に挟まれた外征部隊を示す白帯を描かれた機体は、分隊長周防元成大尉機〔9-151〕で、1939年12月に南寧へ進出した際に撮影された写真をもとに作図。垂直尾翼上部に巻かれた2本の白線は第14航空隊所属を示している

三菱 A5M4 九六式四号艦上戦闘機

1940年 航空母艦「蒼龍」戦闘機隊

1940年第2航空戦隊に所属していた航空母艦「蒼龍」艦上で撮影された写真をもとに作図。〔W-107〕機の垂直尾翼には機体番号の下に黄色と思われる帯が描かれており、小隊長機を示す標識と思われる。主翼上面には上から見てハの字状に描かれた赤または青の帯が描かれている。カウリングには機体の整備状況を把握するための整備覚書が描かれている

三菱 A5M4 九六式四号艦上戦闘機

1940年9月15日 航空母艦「蒼龍」戦闘機隊

1940年9月15日、陸軍の北部仏領インドシナ進駐を支援する目的で、航空母艦「飛龍」は航空母艦「蒼龍」の戦闘機隊もすべて搭載し、中国南部の海南島に戦闘機隊を進出させた。その際に海南島三亜飛行場に降着しようとする〔QI-107〕機を撮影した写真をもとに作図。機体番号のQIは航空母艦「蒼龍」の艦名符号とされている

三菱 A5M4 九六式四号艦上戦闘機

1941年初頭 航空母艦「赤城」戦闘機隊

1941年初頭、長崎県大村飛行場を基地に訓練中の航空母艦「赤城」戦闘機隊の写真をもとに作図。前年の11月に航空母艦「赤城」は第2艦隊第1航空戦隊に編入され、この年の4月に編成される第1航空艦隊第1航空戦隊に編入されるまで「V」を艦名符号に使用していたとされている。〔V-116〕は胴体の太い赤帯から分隊長などの長機として使用されていた可能性が高い

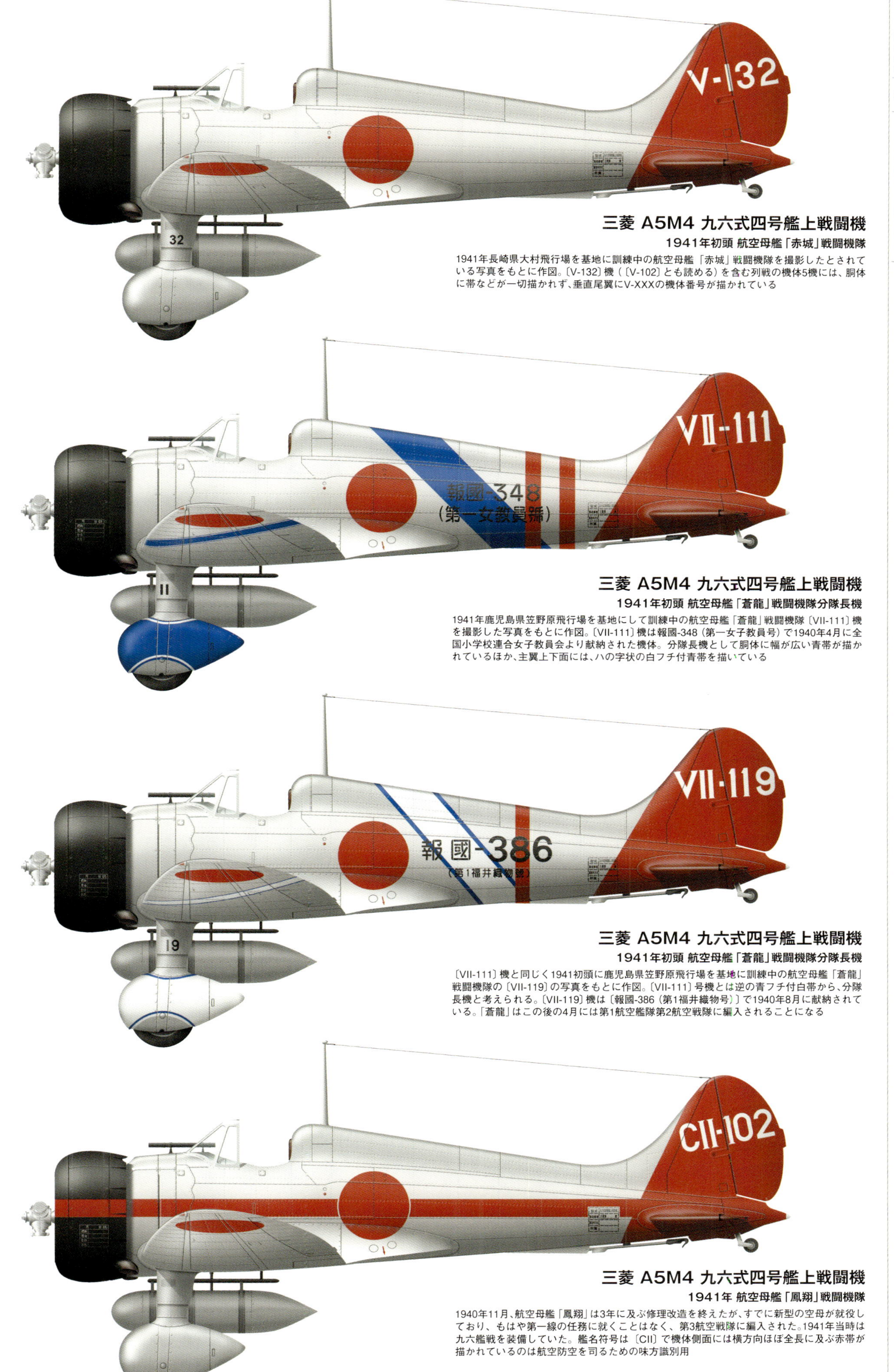

三菱 A5M4 九六式四号艦上戦闘機

1941年初頭 航空母艦「赤城」戦闘機隊

1941年長崎県大村飛行場を基地に訓練中の航空母艦「赤城」戦闘機隊を撮影したとされている写真をもとに作図。〔V-132〕機（〔V-102〕とも読める）を含む列戦の機体5機には、胴体に帯などが一切描かれず、垂直尾翼にV-XXXの機体番号が描かれている

三菱 A5M4 九六式四号艦上戦闘機

1941年初頭 航空母艦「蒼龍」戦闘機隊分隊長機

1941年鹿児島県笠野原飛行場を基地にして訓練中の航空母艦「蒼龍」戦闘機隊〔VII-111〕機を撮影した写真をもとに作図。〔VII-111〕機は報國-348（第一女子教員号）で1940年4月に全国小学校連合女子教員会より献納された機体。分隊長機として胴体に幅が広い青帯が描かれているほか、主翼上下面には、ハの字状の白フチ付青帯を描いている

三菱 A5M4 九六式四号艦上戦闘機

1941年初頭 航空母艦「蒼龍」戦闘機隊分隊長機

〔VII-111〕機と同じく1941初頭に鹿児島県笠野原飛行場を基地に訓練中の航空母艦「蒼龍」戦闘機隊の〔VII-119〕の写真をもとに作図。〔VII-111〕号機とは逆の青フチ付白帯から、分隊長機と考えられる。〔VII-119〕機は〔報國-386（第1福井織物号）〕で1940年8月に献納されている。「蒼龍」はこの後の4月には第1航空艦隊第2航空戦隊に編入されることになる

三菱 A5M4 九六式四号艦上戦闘機

1941年 航空母艦「鳳翔」戦闘機隊

1940年11月、航空母艦「鳳翔」は3年に及ぶ修理改造を終えたが、すでに新型の空母が就役しており、もはや第一線の任務に就くことはなく、第3航空戦隊に編入された。1941年当時は九六艦戦を装備していた。艦名符号は〔CII〕で機体側面には横方向ほぼ全長に及ぶ赤帯が描かれているのは航空防空を司るための味方識別用

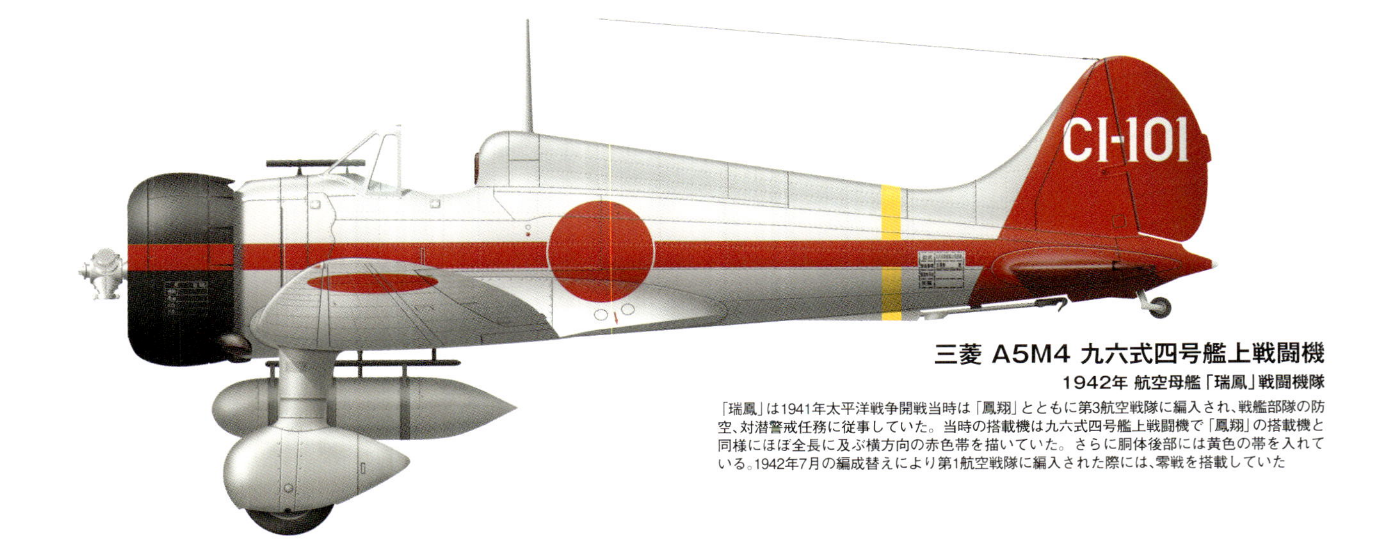

三菱 A5M4 九六式四号艦上戦闘機

1942年 航空母艦「瑞鳳」戦闘機隊

「瑞鳳」は1941年太平洋戦争開戦当時は「鳳翔」とともに第3航空戦隊に編入され、戦艦部隊の防空、対潜警戒任務に従事していた。当時の搭載機は九六式四号艦上戦闘機で「鳳翔」の搭載機と同様にほぼ全長に及ぶ横方向の赤色帯を描いていた。さらに胴体後部には黄色の帯を入れている。1942年7月の編成替えにより第1航空戦隊に編入された際には、零戦を搭載していた

▶化粧変えした空母「蒼龍」艦戦隊の九六式四号艦上戦闘機〔W-102〕と羽切松雄1空曹。胴体日の丸を挟んで黒帯が巻かれているようになった

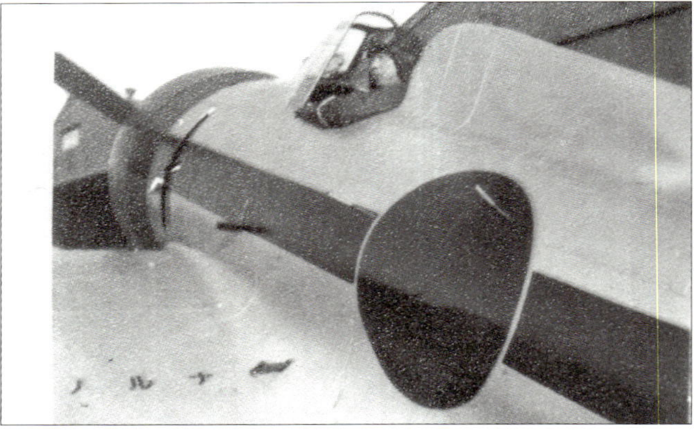

▲胴体を前後に貫く赤い帯を描いたこの九六式四号艦上戦闘機は第3航空戦隊の所属機。赤帯は艦隊防空を担うための味方識別表示だ

▲上写真と同じく空母「蒼龍」艦戦隊の九六式四号艦上戦闘機で、分隊長の横山保大尉の搭乗機として使われた〔W-101〕。本機は「報國-260 藤澤号」で、株式会社藤澤友吉商店（山之内製薬と合併して現アステラス製薬）が献納した機体だった

▼雲上を飛行するこの九六式四号艦戦〔W-105〕も空母「蒼龍」所蔵機で、こちらは胴体後方に赤フチ付白帯を巻いている。この白帯は中国大陸の空で戦う部隊に共通するもので、「蒼龍」飛行機隊も空母から陸上の基地へ展開して戦いに加わった

▲前ページの〔W-101〕と連番になる空母「蒼龍」艦戦隊の九六式四号艦上戦闘機〔W-102〕は、報國号の番号も「報國-261」と連番で、その名も「吉田号」。献納社は株式会社吉田定七商店。右主翼には「261」と報國号番号が描かれているのがわかるが、左主翼には「報國」と書かれていた。P.24上写真は本機を塗り直したものと思われる

◀昭和14年の演習に参加した際に撮影された空母「蒼龍」艦戦隊の九六式四号艦上戦闘機「報國-348 第一女教員号」で、主脚に記入された「11」から〔Ⅶ-111〕と推定される機体。主翼に描かれた斜め線や胴体に記入されたカラフルな帯に注意されたい

▼晴れて献納式の日を迎え式典に臨む九六式四号艦上戦闘機「報國第368号 大分縣教育号」。これまでに見てきた機体とは異なり、報國のあとにハイフンではなく「第」が、数字のあとに「号」が記入されている

零式艦上戦闘機(一一型/二一型)

Mitsubishi A6M2a/A6M2b ZEKE/ZERO

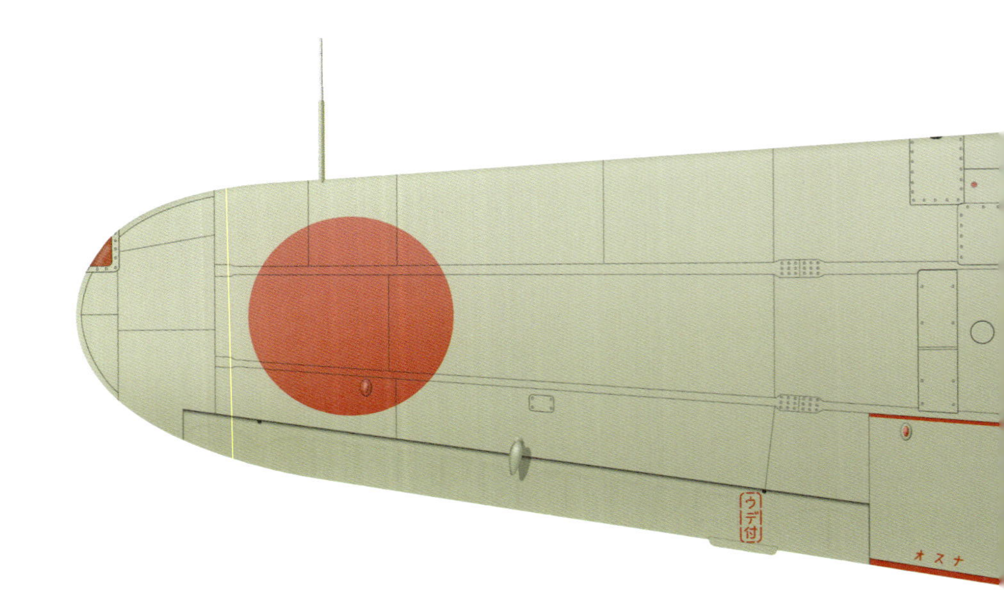

“ゼロ戦”の名で知られる零戦こと零式艦上戦闘機は、日本海軍を代表する名戦闘機であり、現代でも戦艦「大和」とともに一般的に老若男女の間に知れ渡っている。

九六式艦戦の実戦デビューを控えた昭和12年5月に十二試艦上戦闘機の名目で三菱と中島に命じられたが、その後、中島が開発を辞退したため三菱による単独試作となった。

海軍の要求は防御面以外はどの要素も世界一級を求めた過大なもので、九六式艦戦に続いて設計主務者となった堀越二郎技師はやはり重量と抵抗の軽減に注力するとともに、引込脚や超々ジュラルミン、水滴型風防、定速式プロペラなど新機軸を盛り込んだ。

艱難辛苦の末に試作1号機は昭和14年3月に初飛行、その姿は手がけた堀越自身をして「美しい！」と言わしめるものであった。以後、空中分解事故の悲劇を乗り越えながら開発は進み、昭和15年7月24日に零式一号艦上戦闘機一型（のちの一一型）として兵器採用されたが、これに先立つ15日には新型戦闘機を切望する前線への進出が済んでいた。

初戦果は同年9月13日のことで、第12航空隊の進藤三郎大尉以下の13機が重慶上空で中国空軍機と交戦、27機の撃墜を報じて損失機なしの完全勝利で鮮烈な初陣を飾った（中国側損失の実数はこれより少ないが、損害なしの完全勝利に変わりはない）。海軍航空隊が中国を引き揚げるまで空戦で撃墜された零戦はなく、強力な20ミリ機銃、優れた格闘戦性能、長大な航続力でまさに無敵を誇ったのである。

一一型の両翼端を50センチ折り畳めるようにした艦上機型が15年12月採用の零式一号艦上戦闘機二型（のち二一型）である。二一型は太平洋戦争開戦時、真珠湾攻撃部隊と南方作戦部隊に配備された虎の子戦闘機で、元々の高性能、中国で経験を積んだ熟練搭乗員、日本機に対する連合軍側の偏見などもあって大活躍した。なお、一一型は長らく機体の前後でトーンの違う明灰白色が塗られているとされてきたが、近年では駐機時にカバーで覆われていなかった部分が中国大陸の強い日差しで褪色したものという説が有力である。

〔文／松田孝宏〕

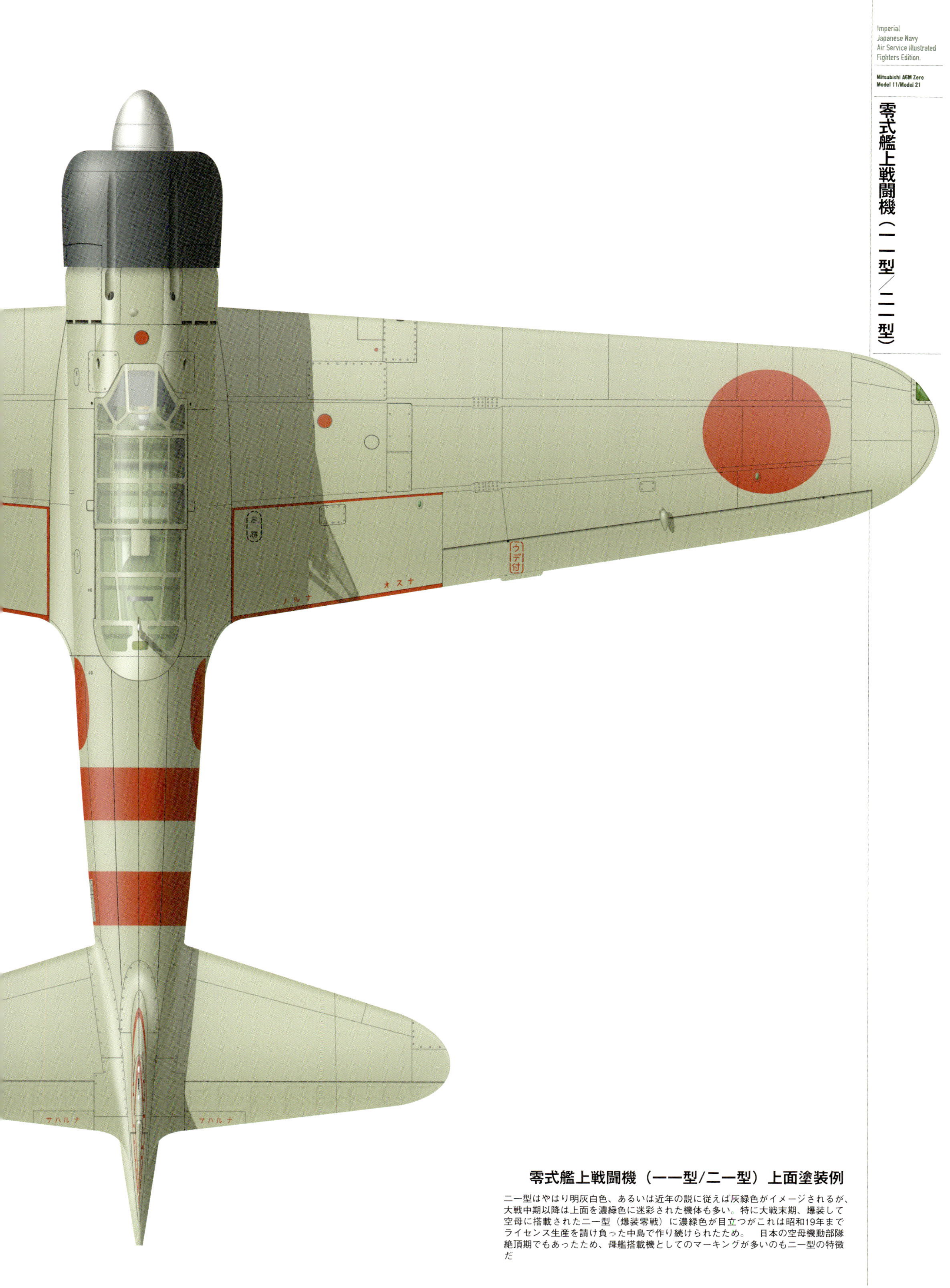

零式艦上戦闘機（一一型/二一型）上面塗装例

二一型はやはり明灰白色、あるいは近年の説に従えば灰緑色がイメージされるが、大戦中期以降は上面を濃緑色に迷彩された機体も多い。特に大戦末期、爆装して空母に搭載された二一型（爆装零戦）に濃緑色が目立つがこれは昭和19年までライセンス生産を請け負った中島で作り続けられたため。　日本の空母機動部隊絶頂期でもあったため、母艦搭載機としてのマーキングが多いのも二一型の特徴だ

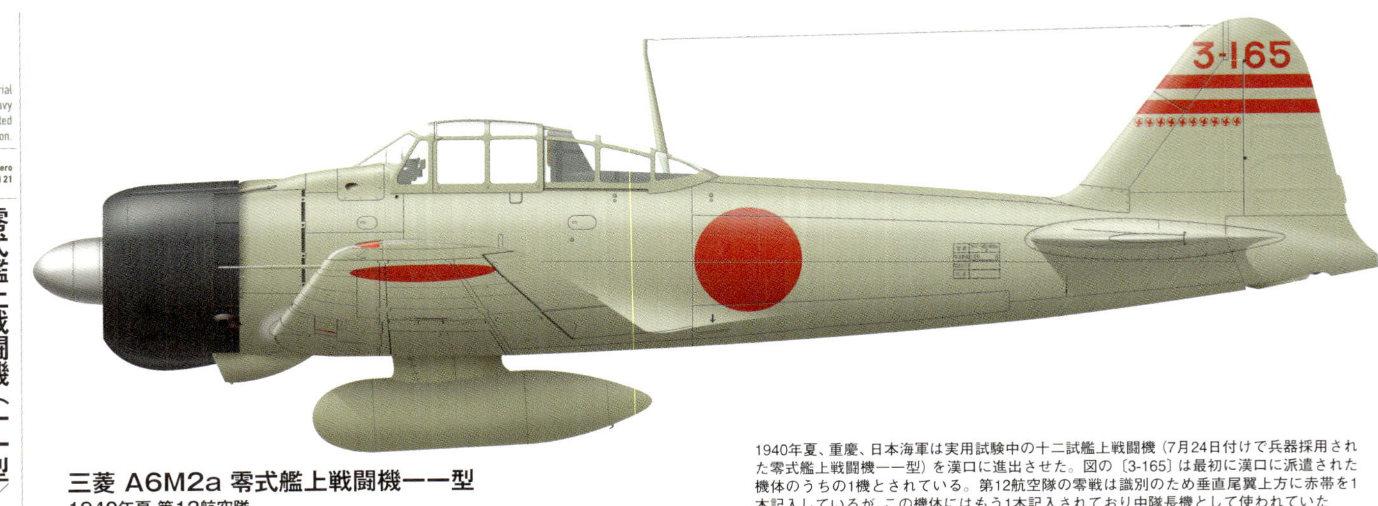

三菱 A6M2a 零式艦上戦闘機一一型
1940年夏 第12航空隊

1940年夏、重慶、日本海軍は実用試験中の十二試艦上戦闘機（7月24日付けで兵器採用された零式艦上戦闘機一一型）を漢口に進出させた。図の〔3-165〕は最初に漢口に派遣された機体のうちの1機とされている。第12航空隊の零戦は識別のため垂直尾翼上方に赤帯を1本記入しているが、この機体にはもう1本記入されており中隊長機として使われていた

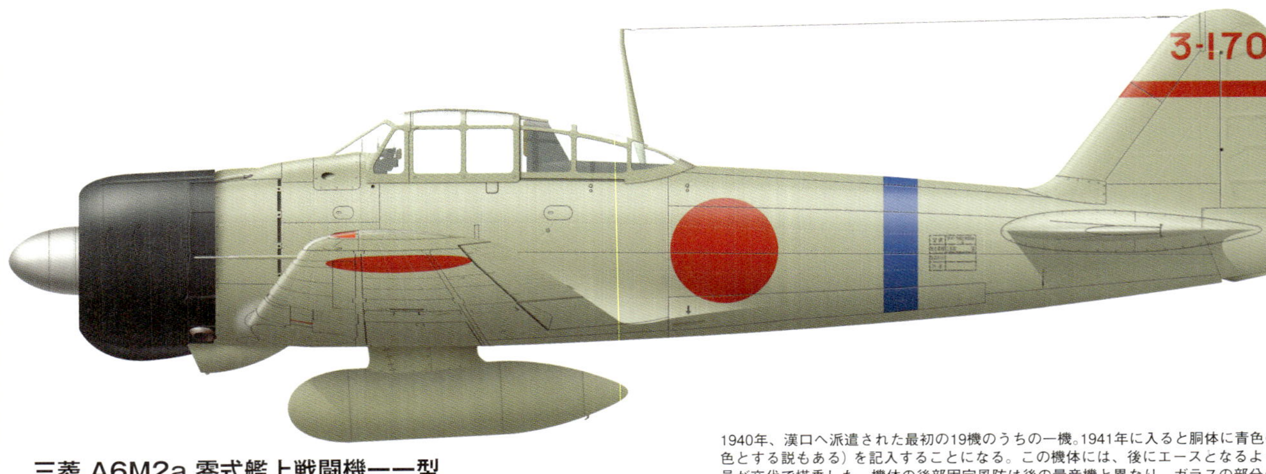

三菱 A6M2a 零式艦上戦闘機一一型
1940年夏 第12航空隊

1940年、漢口へ派遣された最初の19機のうちの一機。1941年に入ると胴体に青色の帯（赤色とする説もある）を記入することになる。この機体には、後にエースとなるような搭乗員が交代で搭乗した。機体の後部固定風防は後の量産機と異なり、ガラスの部分が広いものとなっている。量産機では分解、整備の便を図るためガラスの部分が縮小されている

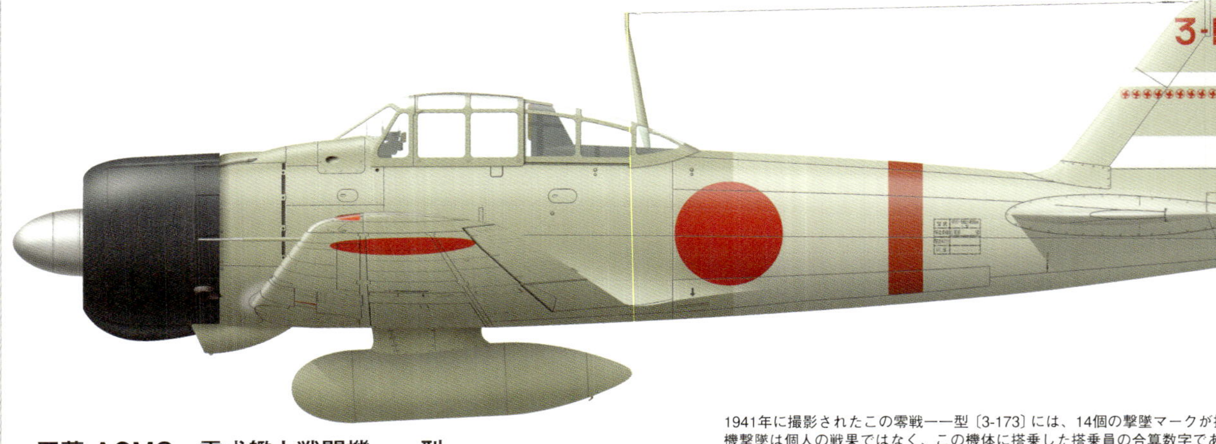

三菱 A6M2a 零式艦上戦闘機一一型
1941年 第12航空隊 上平啓州二等航空曹機

1941年に撮影されたこの零戦一一型〔3-173〕には、14個の撃墜マークが描かれている。14機撃墜は個人の戦果ではなく、この機体に搭乗した搭乗員の合算数字である。この機体には上平二空曹の他、山谷初政三空曹、平本政治三空曹も搭乗している。最初は赤色であった垂直尾翼上の横線は白色に変えられている

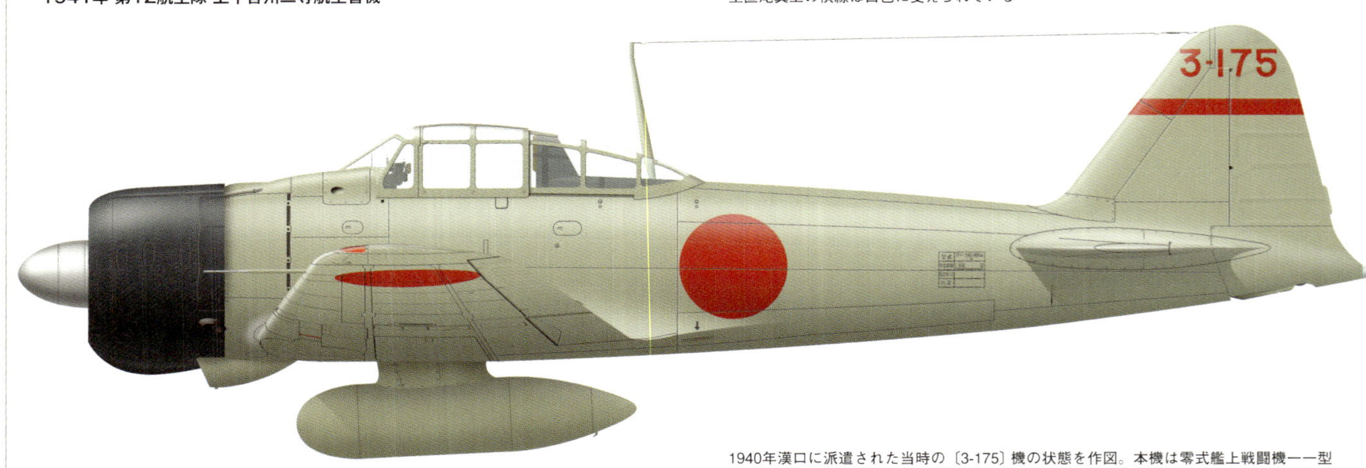

三菱 A6M2a 零式艦上戦闘機一一型
1940年8月 第12航空隊 白根斐夫中尉機

1940年漢口に派遣された当時の〔3-175〕機の状態を作図。本機は零式艦上戦闘機一一型が最初に戦果を挙げた1940年9月13日の空中戦の際に、白根中尉が搭乗した機体とされている。この時点では胴体の帯は記入されていなかった

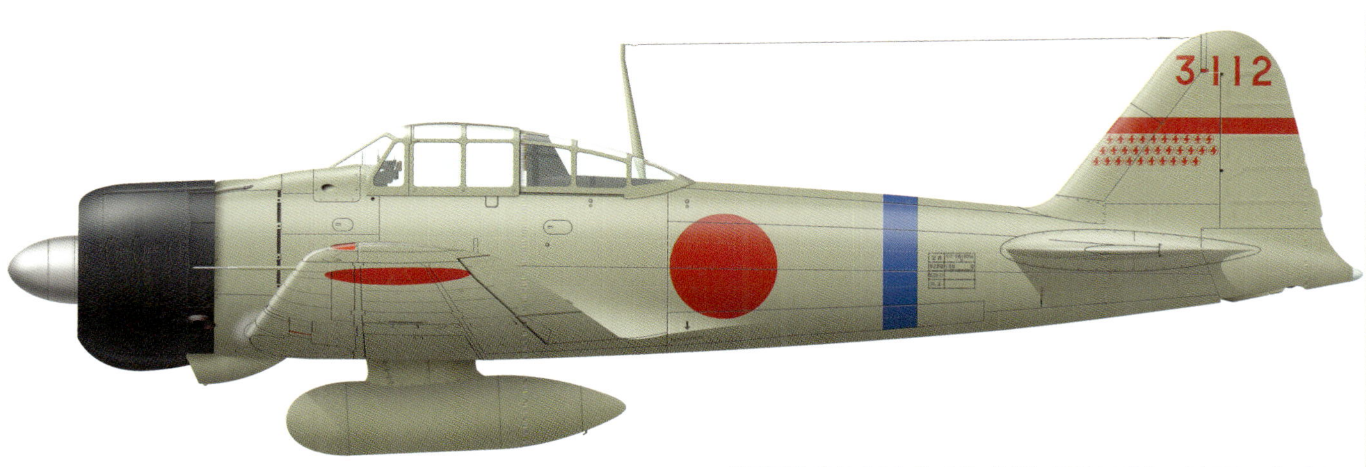

三菱 A6M2a 零式艦上戦闘機一一型
1941年8月 第12航空隊

1940年5月に完成しその後、漢口の第12航空隊に派遣された機体で、垂直尾翼には第12航空隊の搭乗員が挙げた合計戦果28機分の鳶をモチーフにした撃墜マークが描かれている。この機体の製造番号は807であることが写真から確認できる

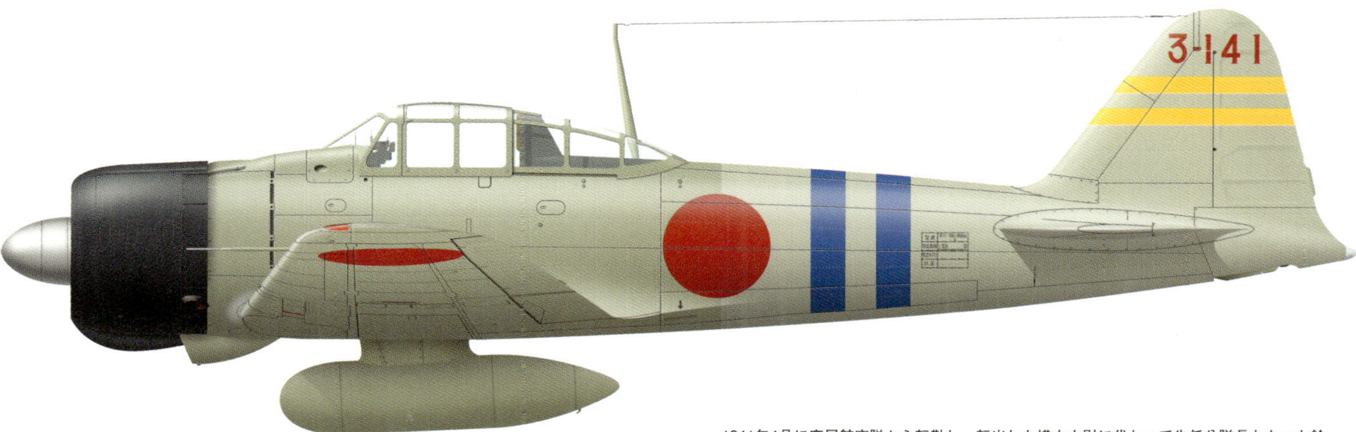

三菱 A6M2a 零式艦上戦闘機一一型
1941年 第12航空隊 鈴木 実大尉機

1941年4月に鹿屋航空隊から転勤し、転出した横山大尉に代わって先任分隊長となった鈴木 実大尉の搭乗機。大石一空曹が撮影したとされる写真をもとに作図した。隊長機を示すため胴体の帯が1本追加されている。尾翼の識別線も従来の赤色、白色に変わり黄色と思われる色が使用されている

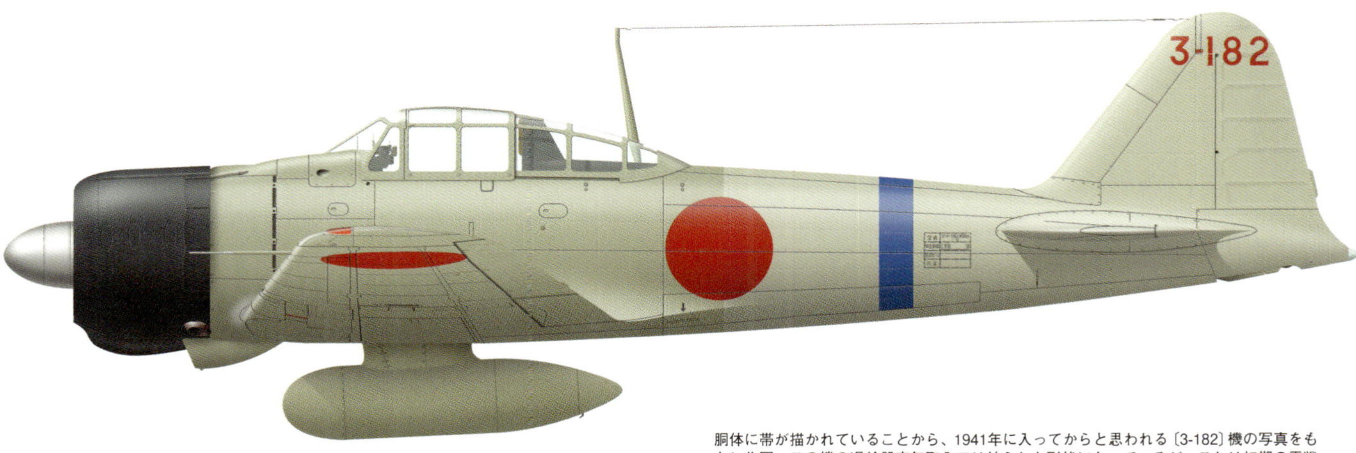

三菱 A6M2a 零式艦上戦闘機一一型
1941年 第12航空隊

胴体に帯が描かれていることから、1941年に入ってからと思われる〔3-182〕機の写真をもとに作図。この機の過給器空気取入口は絞られた形状になっているが、これは初期の零戦一一型の特徴であり、多くの機体では標準的ものと取り換えられている。この機体から後部固定風防のガラス部分は縮小されたものになっている

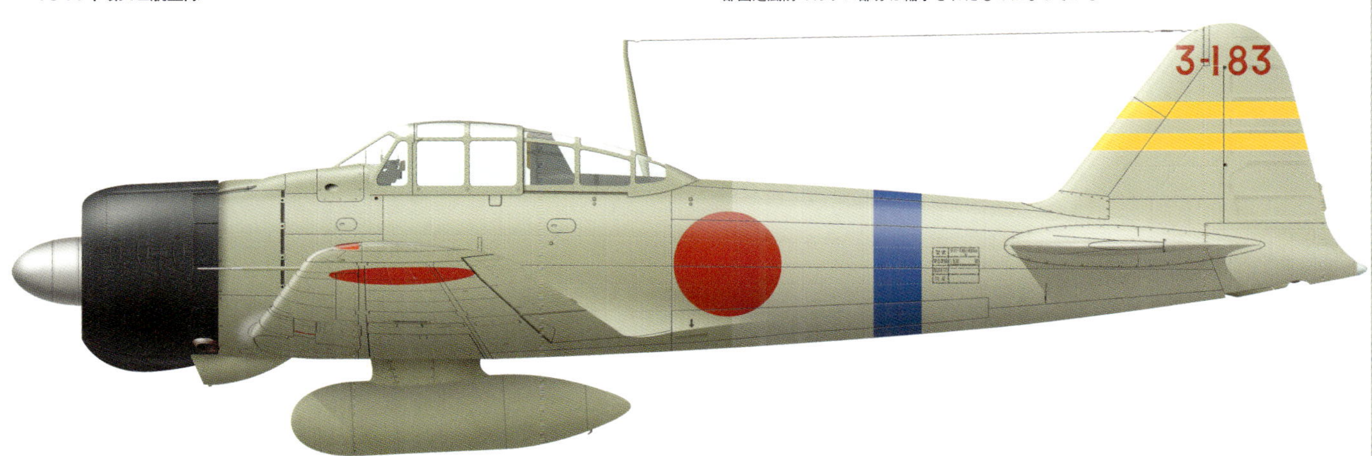

三菱 A6M2a 零式艦上戦闘機一一型
1941年 第12航空隊

この機体も含め胴体の「日の丸」部分を境に前後で塗装色が異なっていることに興味がつきないがこれは、半年近く戦地で、機体前半部分に直射日光を避けるためカバーを掛けていた関係で後部のみ褪色が著しくなったもの、と解釈されている

三菱 A6M2a 零式艦上戦闘機一一型
1941年 第12航空隊 中瀬正幸一等航空兵曹機

〔3-143〕機は1941年春に第12航空隊で使用されていた零戦一一型で、排気口の位置や、過給器空気取入口の形状、後部固定風防のガラス部分の形状など、量産機の標準形態を備えた機体である。垂直尾翼には3機の撃墜マークが描かれている

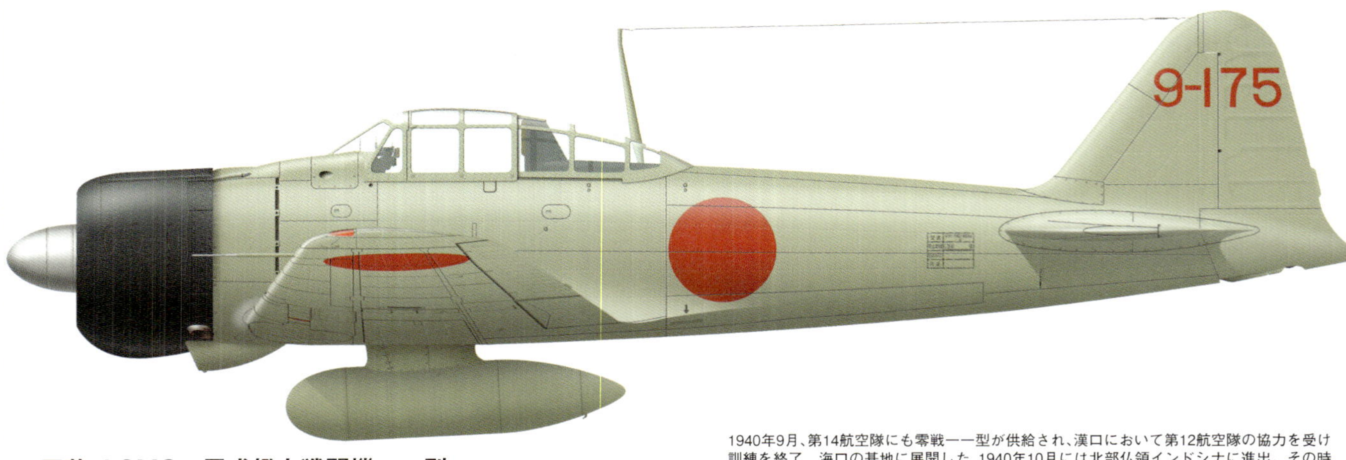

三菱 A6M2a 零式艦上戦闘機一一型
1940年 第14航空隊

1940年9月、第14航空隊にも零戦一一型が供給され、漢口において第12航空隊の協力を受け訓練を終了、海口の基地に展開した。1940年10月には北部仏領インドシナに進出。その時期に仏領インドシナ上空を編隊飛行する〔9-175〕機の写真がありそれをもとに作図。垂直尾翼には第14航空を示す9と、1から始まる3桁の機体番号を赤色で描いている

三菱 A6M2a 零式艦上戦闘機一一型
1940年 第14航空隊 小福田租大尉機

上図の機体と同様、1940年秋、仏領インドシナ上空を編隊で飛行する6機の零戦一一型の写真をもとに作図。垂直尾翼には〔9-175〕と同様に赤色で〔9-182〕を描いているほか、長機を示す赤色の帯を機番号の上に描いている。〔9-182〕には分隊長である小福田大尉が搭乗するとされている

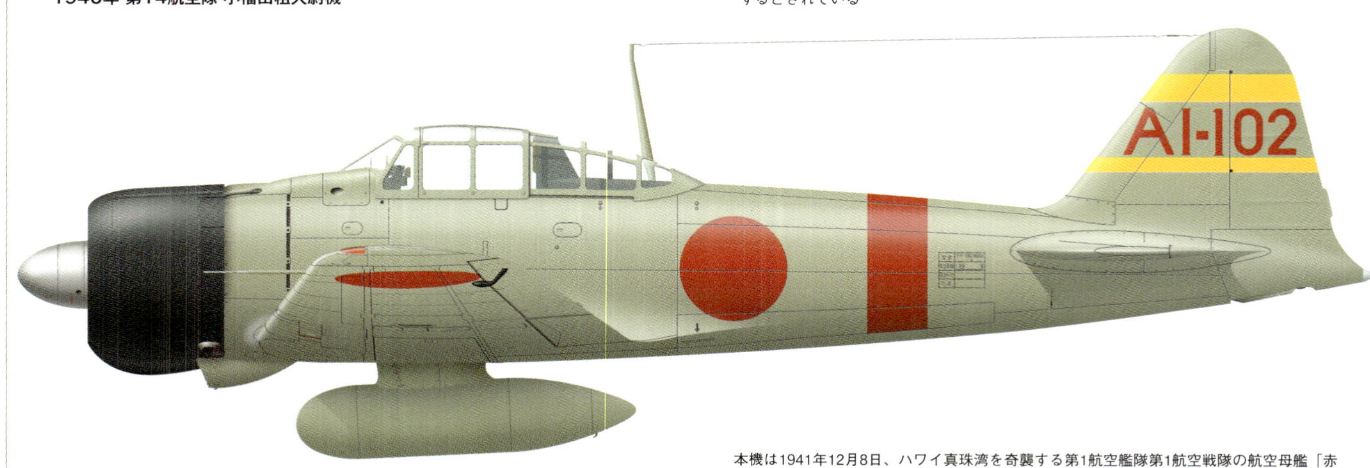

三菱 A6M2b 零式艦上戦闘機二一型
1941年 航空母艦「赤城」戦闘機隊 進藤三郎大尉機

本機は1941年12月8日、ハワイ真珠湾を奇襲する第1航空艦隊第1航空戦隊の航空母艦「赤城」戦闘機隊分隊長の進藤大尉搭乗機。胴体には第1航空戦隊を示す赤色の帯が1本描かれており、1番艦であることを示している。垂直尾翼の長機標識は本来の赤色で描くべきところであるが、黄色で描かれている

三菱 A6M2b 零式艦上戦闘機二一型
1941年 航空母艦「赤城」戦闘機隊 岩城芳雄一等飛行兵曹機

本機は「赤城」戦闘機隊でハワイ真珠湾攻撃やセイロン島攻撃に参加した岩城一飛曹の搭乗機。岩城一飛曹はミッドウェイ海戦に参加し、所属する航空母艦「赤城」沈没後は航空母艦「翔鶴」戦闘機隊に移動。その後1942年8月24日、「翔鶴」上空を直衛中して来襲した双発機と交戦中に戦死した。岩城一飛曹はセイロン島攻撃に初撃墜を記録し、その後8機の撃墜を記録している

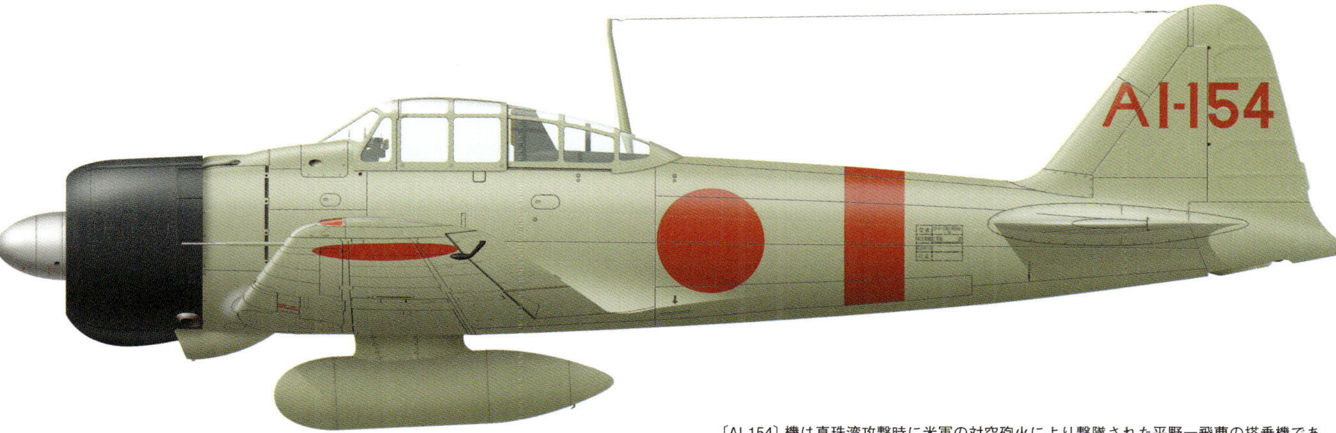

三菱 A6M2b 零式艦上戦闘機二一型
1941年 航空母艦「赤城」戦闘機隊 平野崟一等飛行兵曹機

〔AI-154〕機は真珠湾攻撃時に米軍の対空砲火により撃墜された平野一飛曹の搭乗機である。機体は米軍により回収され製造番号が5289であることが確認されている。米軍が撮影した写真では垂直尾翼への破損が少なくAI-154の書体がはっきりと判る。AIのIは「1」ではなく「I」で上下に爪があり154の1は算用数字の1で左にのみ爪がある

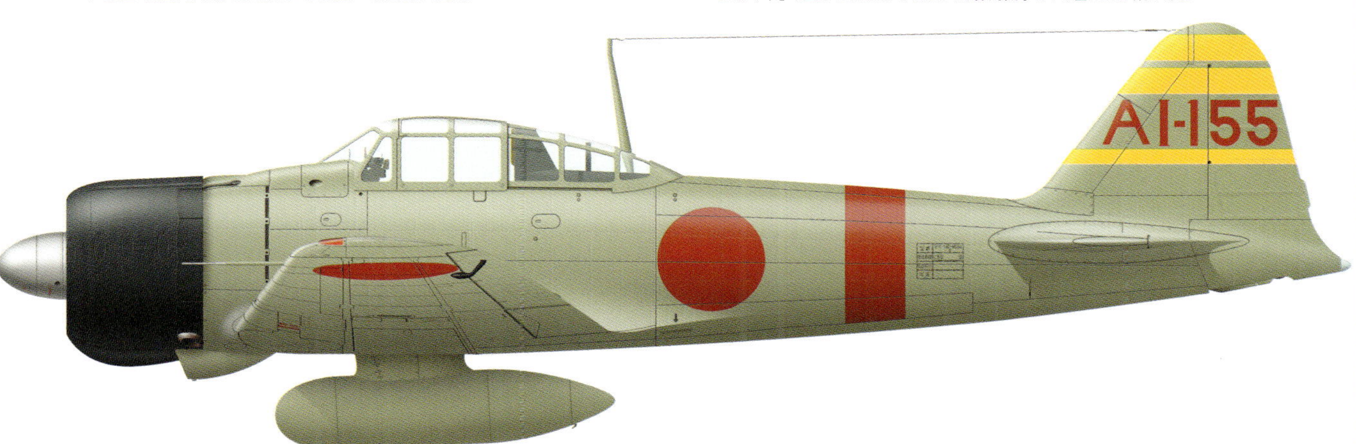

三菱 A6M2b 零式艦上戦闘機二一型
1941年 航空母艦「赤城」戦闘機隊 板谷 茂少佐機

本機は真珠湾攻撃の戦闘機全体を指揮する板谷少佐の搭乗機。長らく機番号など推測の域を出なかったが、日本機研究家の押尾一彦氏の調査により判明した機体である

三菱 A6M2b 零式艦上戦闘機二一型
1941年 航空母艦「加賀」戦闘機隊 志賀淑雄大尉機

〔AII-105〕機は第1航空戦隊2番艦、航空母艦「加賀」戦闘機隊分隊長志賀大尉の搭乗機である。AIIのAは第1航空戦隊を示し、IIは2番艦を示しており、胴体にも第1航空戦隊を示す赤で帯が2本描かれている。〔AII-105〕の番号は航空母艦赤城の番号に比べて細く、かつ小さく描かれている。なお志賀大尉はP.25で献納機のそばでかしこまっている人物だ

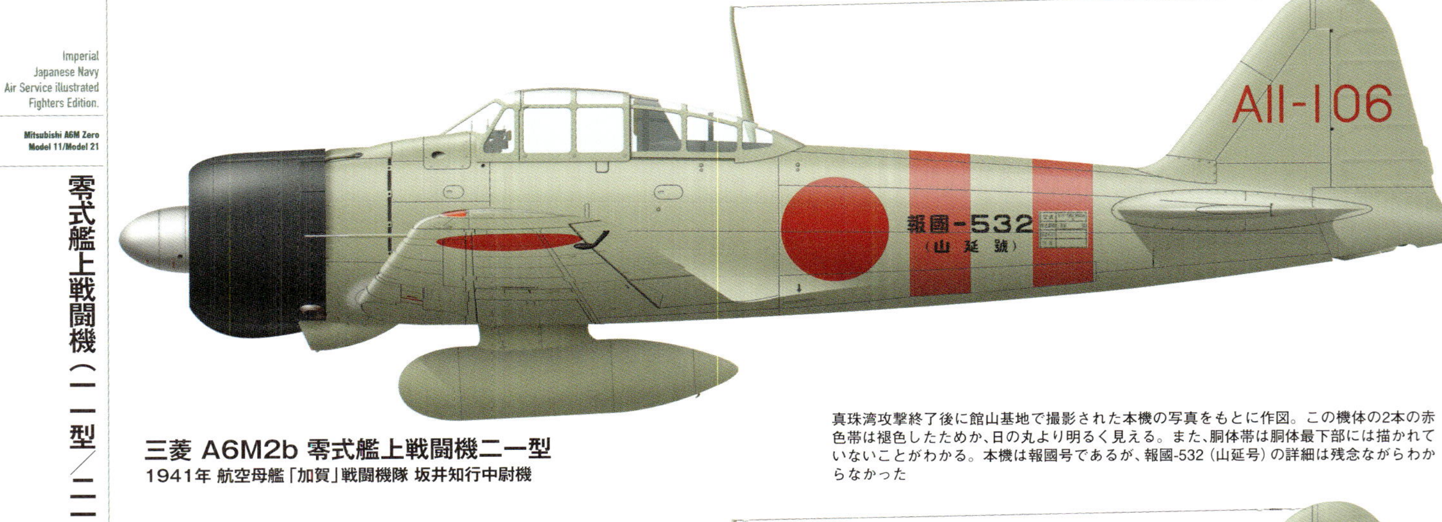

三菱 A6M2b 零式艦上戦闘機二一型
1941年 航空母艦「加賀」戦闘機隊 坂井知行中尉機

真珠湾攻撃終了後に館山基地で撮影された本機の写真をもとに作図。この機体の2本の赤色帯は褪色したためか、日の丸より明るく見える。また、胴体帯は胴体最下部には描かれていないことがわかる。本機は報國号であるが、報國-532（山延号）の詳細は残念ながらわからなかった

三菱 A6M2b 零式艦上戦闘機二一型
1941年 航空母艦「加賀」戦闘機隊 鈴木清延一等飛行兵曹機

鈴木一飛曹が真珠湾攻撃時に搭乗したとされる〔AII-107〕の図である。鈴木一飛曹は真珠湾攻撃後、ポートダーウィン空襲に参加し、ミッドウェイ海戦で「加賀」が沈没した後は航空母艦「隼鷹」戦闘機隊に転勤。1942年10月26日、南太平洋海戦では第2次攻撃隊として隼鷹から出撃後帰還せず戦死と認定された。公認撃墜機数は9機以上とされている

三菱 A6M2b 零式艦上戦闘機二一型
1941年 航空母艦「加賀」戦闘機隊 二階堂易大尉機

〔AII-121〕機は航空母艦「加賀」戦闘機隊分隊長である二階堂大尉の搭乗機とされる。垂直尾翼には分隊長を示す長機標識が第1航空戦隊色である赤色で描かれている。二階堂大尉は1941年4月16日、横須賀海軍航空隊から離陸し、零戦の試験飛行に補助翼のフラッター事故に遭遇したが巧みな操作で生還し、事故対策に貢献した

三菱 A6M2b 零式艦上戦闘機二一型
1941年 航空母艦「蒼龍」戦闘機隊 飯田房太大尉機

〔BI-151〕機は航空母艦「蒼龍」戦闘機隊分隊長である飯田大尉の搭乗機とされている。機番のBIの「B」は第2航空戦隊を示し、「I」は1番艦を示している。胴体には第2航空戦隊の色である青色の帯が1本巻かれ、1番艦を示している。飯田大尉は第2次攻撃隊として真珠湾攻撃に参加し、地上砲火を受けて帰還が不可能な状態となるとカネオ飛行場の格納庫に自爆、戦死した

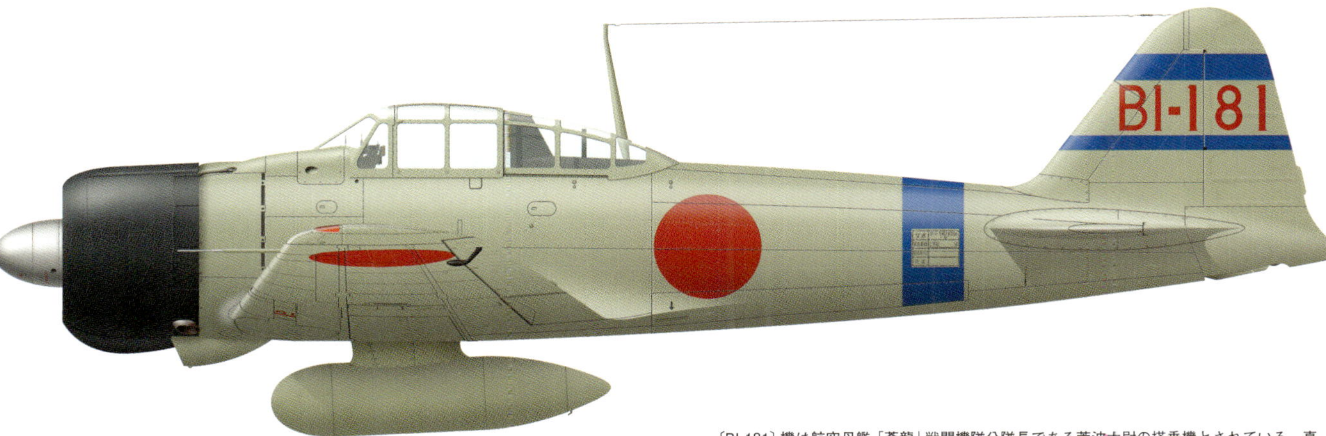

三菱 A6M2b 零式艦上戦闘機二一型
1941年 航空母艦「蒼龍」戦闘機隊 菅波政治大尉機

〔BI-181〕機は航空母艦「蒼龍」戦闘機隊分隊長である菅波大尉の搭乗機とされている。真珠湾攻撃時には第1次攻撃隊に参加し出撃している。その後「蒼龍」ともに転戦し、ミッドウェイ海戦で「蒼龍」が沈没した後、1942年9月には第252海軍航空隊飛行隊長となった。11月にはラバウルに進出したが、11月14日船団護衛中未帰還となった

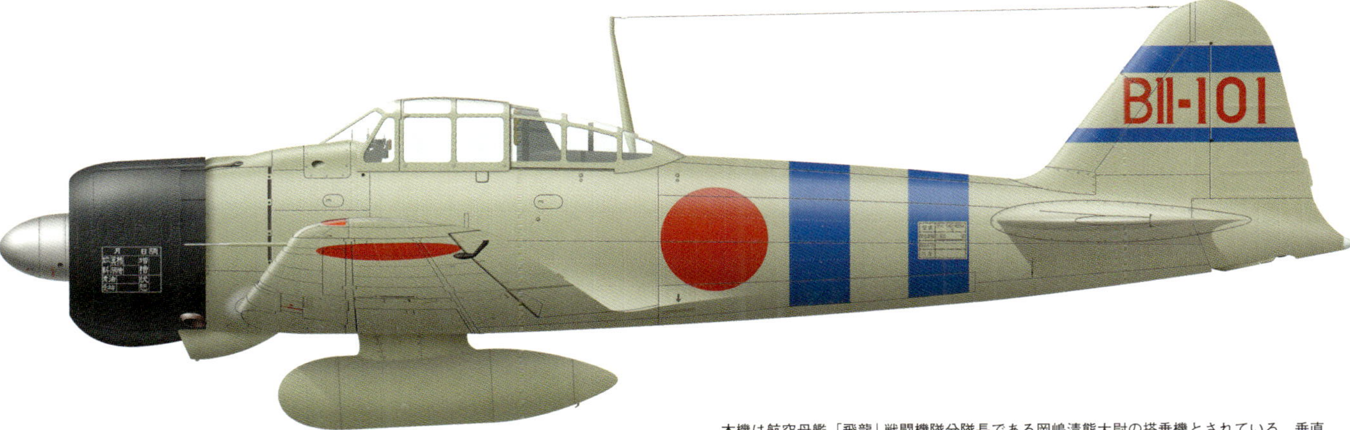

三菱 A6M2b 零式艦上戦闘機二一型
1941年 航空母艦「飛龍」戦闘機隊 岡嶋清熊大尉機

本機は航空母艦「飛龍」戦闘機隊分隊長である岡嶋清熊大尉の搭乗機とされている。垂直尾翼には分隊長機を示す長機標識を第2航空戦隊の色である青色で描いている。岡嶋大尉は多くの戦闘を飛行隊長として戦い、1945年7月に第53航空戦隊の参謀となって終戦を迎えた

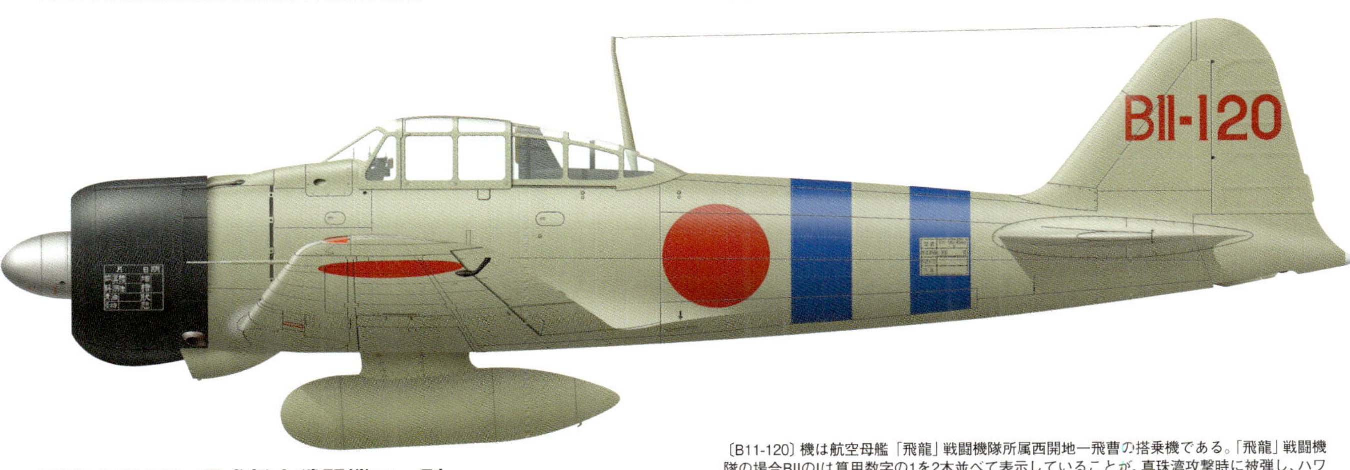

三菱 A6M2b 零式艦上戦闘機二一型
1941年 航空母艦「飛龍」戦闘機隊 西開地重徳一等飛行兵曹機

〔B11-120〕機は航空母艦「飛龍」戦闘機隊所属西開地一飛曹の搭乗機である。「飛龍」戦闘機隊の場合BIIのIは算用数字の1を2本並べて表示していることが、真珠湾攻撃時に被弾し、ハワイ諸島の西にあるニイハウ島に不時着した西開地機の残骸からはっきりとわかる。西開地一飛曹は飛行機を可能な限り破壊した後、捕虜にならないよう拳銃により自決した

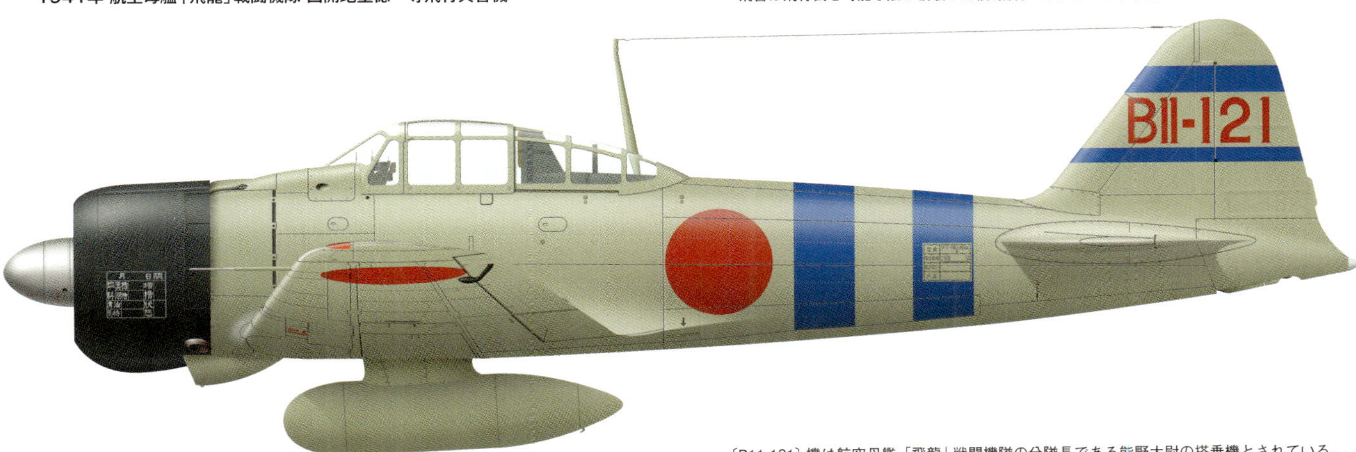

三菱 A6M2b 零式艦上戦闘機二一型
1941年 航空母艦「飛龍」戦闘機隊 能野澄夫大尉機

〔B11-121〕機は航空母艦「飛龍」戦闘機隊の分隊長である能野大尉の搭乗機とされている。垂直尾翼には第2航空戦隊の分隊長を示す長機標識が青色で描かれている。能野大尉は第2次攻撃隊制空隊指揮官として出撃している。その後1942年4月9日セイロン島トリンコマリー攻撃時に来襲したブレニム迎撃時に未帰還となり戦死と認定された

三菱 A6M2b 零式艦上戦闘機二一型
1942年 航空母艦「飛龍」戦闘機隊 豊島 一一等飛行兵機

本機は航空母艦「飛龍」戦闘機隊の豊島一飛兵がポートダーウィン空襲時に搭乗した機体で、垂直尾翼には小隊長を示す青の長機標識が描かれている。敵飛行場攻撃時に対空砲火の破片を潤滑油タンクに受けメルヴィル島に不時着。その後オーストラリア軍にとらえられ捕虜となった。「飛龍」戦闘機隊の零戦はエンジンカウリング左側面に整備覚書が描かれている

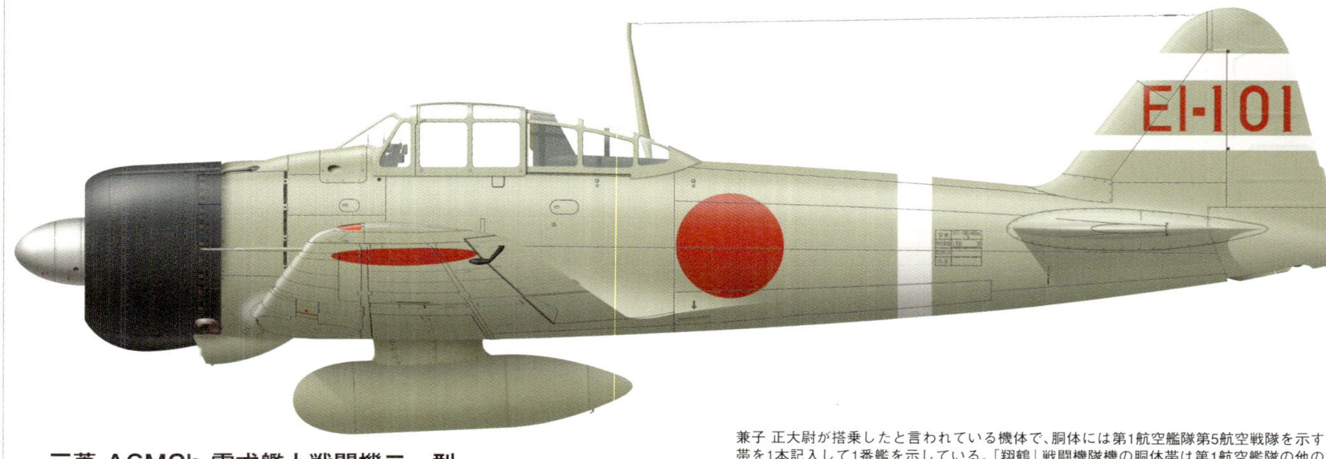

三菱 A6M2b 零式艦上戦闘機二一型
1941年 航空母艦「翔鶴」戦闘機隊 兼子 正大尉機

兼子 正大尉が搭乗したと言われている機体で、胴体には第1航空艦隊第5航空戦隊を示す白帯を1本記入して1番艦を示している。「翔鶴」戦闘機隊機の胴体帯は第1航空艦隊の他の空母機とは異なり幅が狭いものとなっているのに注意されたい。垂直尾翼には分隊長を示す長機標識が白色で描かれている

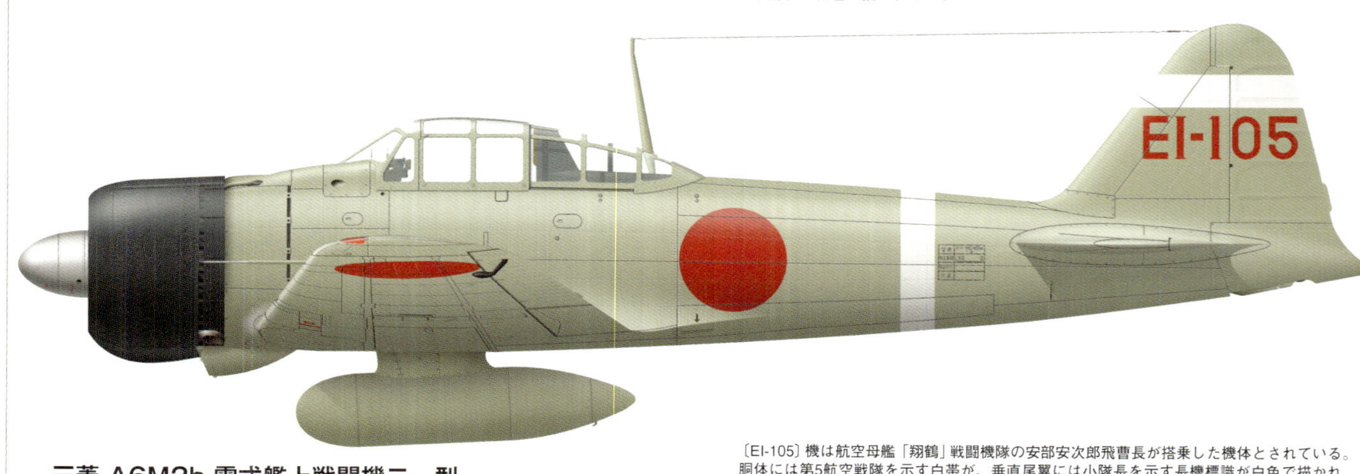

三菱 A6M2b 零式艦上戦闘機二一型
1941年 航空母艦「翔鶴」戦闘機隊 安部安次郎飛曹長機

〔EI-105〕機は航空母艦「翔鶴」戦闘機隊の安部安次郎飛曹長が搭乗した機体とされている。胴体には第5航空戦隊を示す白帯が、垂直尾翼には小隊長を示す長機標識が白色で描かれている。安部飛曹長は第1期乙種飛行予科練修生を終了後、いくつかの空母戦闘機隊、基地戦闘機隊に勤務し、終戦時には大尉の階級で戦闘316飛行隊長を務めている

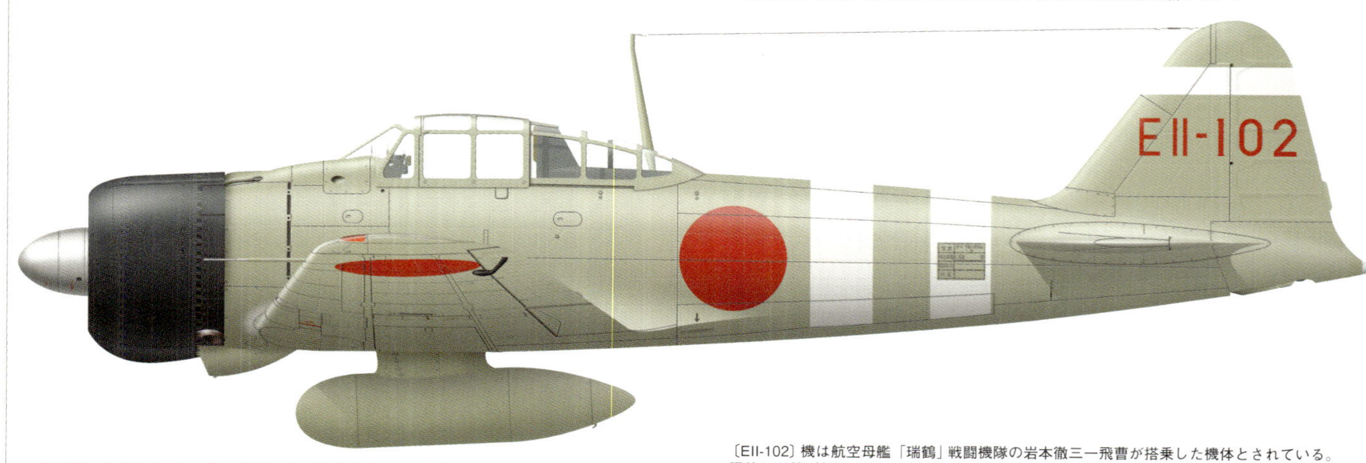

三菱 A6M2b 零式艦上戦闘機二一型
1941年 航空母艦「瑞鶴」戦闘機隊 岩本徹三一等飛行兵曹機

〔EII-102〕機は航空母艦「瑞鶴」戦闘機隊の岩本徹三一飛曹が搭乗した機体とされている。胴体には第5航空戦隊を示す白帯を2本描いて2番艦であることを示している。「翔鶴」機とは異なり、「瑞鶴」機の場合は他の空母機と同じ幅で描かれている。超エースとなる岩本一飛曹は真珠湾攻撃時には航空母艦上空の警戒任務に就いている

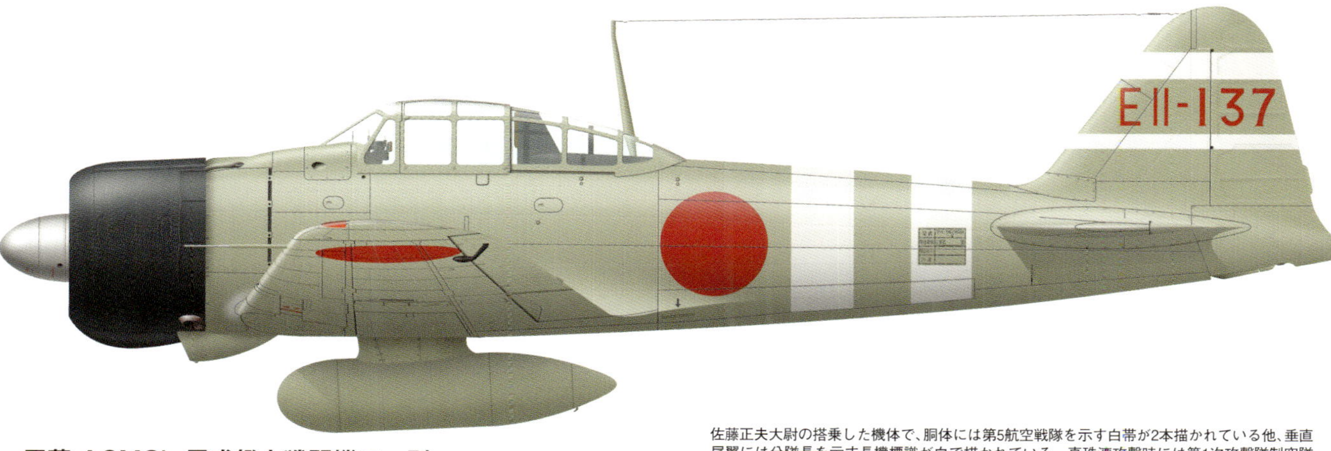

佐藤正夫大尉の搭乗した機体で、胴体には第5航空戦隊を示す白帯が2本描かれている他、垂直尾翼には分隊長を示す長機標識が白で描かれている。真珠湾攻撃時には第1次攻撃隊制空隊として出撃。その後、航空母艦瑞鳳飛行隊長として1942年11月に飛行隊を率いてラバウルに進出したが、11月11日ブーゲンビル沖で攻撃隊を掩護中に行方不明となり戦死と認定された

三菱 A6M2b 零式艦上戦闘機二一型
1941年 航空母艦「瑞鶴」戦闘機隊 佐藤正夫大尉機

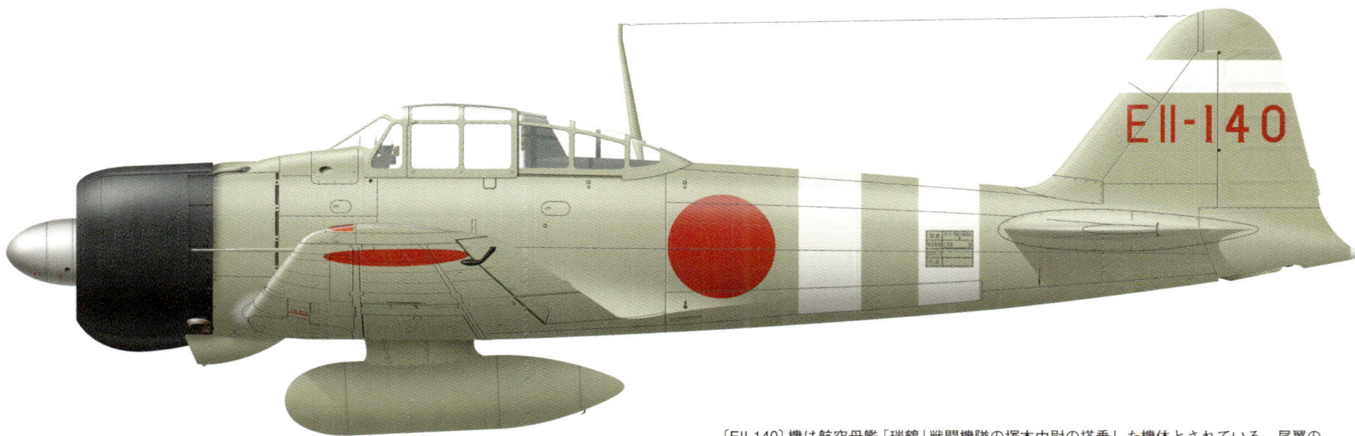

〔EII-140〕機は航空母艦「瑞鶴」戦闘機隊の塚本中尉の搭乗した機体とされている。尾翼の上部には第5航空戦隊色の白色で小隊長を示す長機標識が描かれている。「瑞鶴」機の〔EII-1XX〕の文字は空母「赤城」機と空母「加賀」機の関係のように「翔鶴」機に比べると細く、小さめに描かれている。真珠湾攻撃時には航空母艦上空の警戒任務についていた

三菱 A6M2b 零式艦上戦闘機二一型
1941年 航空母艦「瑞鶴」戦闘機隊 塚本祐造中尉機

千歳海軍航空隊の渡辺三飛曹の搭乗機とされ、1941年11月に大林組から6機献納されている内の1機。報國号の記載方法は九六艦戦の報國第368号のように報國と数字の間がハイフンではなく、第の字が挿入されている。第の字も竹冠が草冠とされている。同じ日に献納されている報國第439第六大林組号の鮮明な写真を参考にして作図

三菱 A6M2b 零式艦上戦闘機二一型
1942年 千歳海軍航空隊 渡辺秀夫三等飛行兵曹機

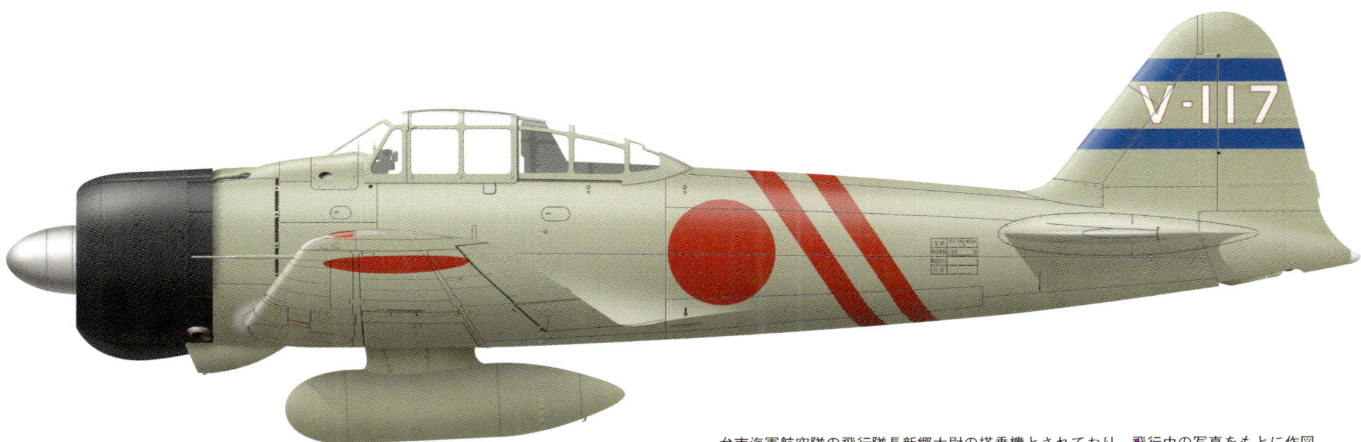

台南海軍航空隊の飛行隊長新郷大尉の搭乗機とされており、飛行中の写真をもとに作図。尾翼の機番にあるVは台南航空隊を示す標識で1941年10月から1942年11月まで使用されていた。この内、赤フチ付白文字は1941年10月から1942年3月頃まで使用された。尾翼には隊長機を示す標識が描かれ、通常1本の胴体帯も2本描かれている

三菱 A6M2b 零式艦上戦闘機二一型
1942年 2月 台南海軍航空隊 新郷英城大尉機

三菱 A6M2b 零式艦上戦闘機二一型
1942年2月 台南海軍航空隊 有田義助二等飛行兵曹機

〔V-141〕報國第439の第六大林組号機は1941年11月に大林組から献納された6機の内の1機で台南海軍航空隊の有田二飛曹機とされている。報國号の詳細と尾翼部分がわかる写真がありそれをもとに作図。千歳海軍航空隊の「S-171」機の報國号と同じ書体で報國号の名称を記入している

三菱 A6M2b 零式艦上戦闘機二一型
1942年2月 台南海軍航空隊 石原進二等飛行兵曹機

〔V-158〕機は台南海軍航空隊の石原二飛曹の搭乗機とされている機体の写真をもとに作図。まだ開戦まえの余裕のある時期のためか、1942年2月頃の台南海軍航空隊では胴体の帯の色も、赤、青、白が使われており隊内の区分に使い分けていたと考えられる。写真では胴体の帯には黒いフチがあるように見えるのでそのように作図した

三菱 A6M2b 零式艦上戦闘機二一型
1942年春 第3航空隊

この機体の尾翼と胴体には2本目の帯を消した跡がある。元は分隊長クラス用の機体だったのかもしれない。第3航空隊は第12航空隊の戦闘機隊を引き継ぐ形で編成された部隊であり、部隊標識は第12航空隊と同様に尾翼の上部に描かれている。搭載されている九六式無線機は役に立たないため、アンテナマストも含めて取り外されている

三菱 A6M2b 零式艦上戦闘機二一型
1942年1月 第3航空隊

〔X-183〕機は第3航空隊所属機で1942年1月にセレベス島ケンダリーで撮影された写真をもとに作図。X-183号機には11個の桜をモチーフにした撃墜マークが描かれている。これは個人の記録ではなく部隊での記録を示している。鮮明な写真から製造番号は5404と読み取れ、1941年11月10日に製造された機体であることがわかる

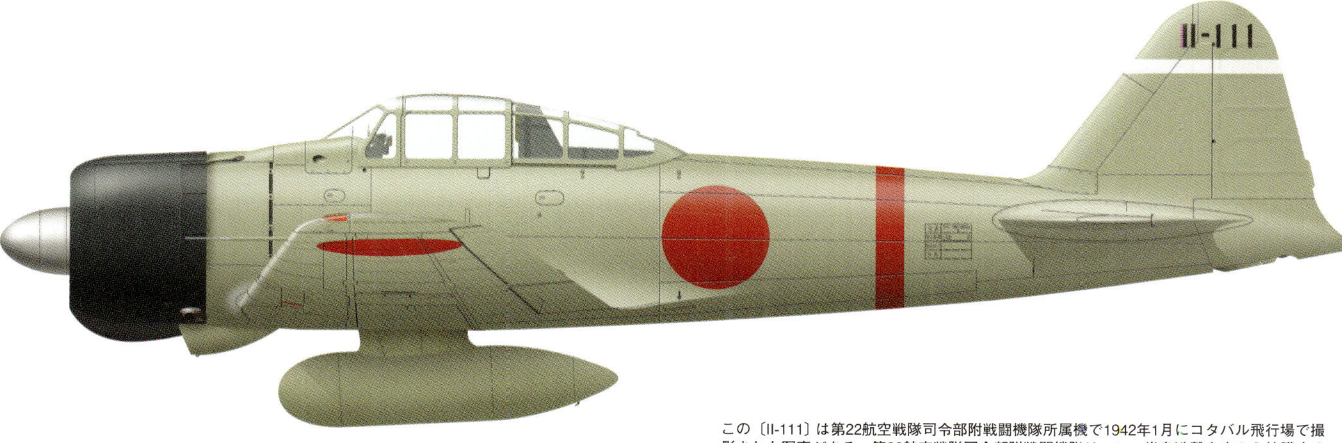

三菱 A6M2b 零式艦上戦闘機二一型
1942年1月 第22航空戦隊司令部附戦闘機隊

この〔II-111〕は第22航空戦隊司令部附戦闘機隊所属機で1942年1月にコタバル飛行場で撮影された写真がある。第22航空戦隊司令部附戦闘機隊はマレー半島進撃を空から掩護するため、第3航空隊、台南航空隊の一部戦力を抽出して編成された。この機体は第3航空隊の特徴を残している。この時期の他の部隊機と同様に無線関係の機材は取り外されている

三菱 A6M2b 零式艦上戦闘機二一型
1942年4月 台南海軍航空隊 坂井三郎一等飛行兵曹機

〔V-107〕は台南海軍航空隊の所属機で坂井一飛曹が搭乗した機体のひとつとされている。台南航空隊は1942年ラバウル進出時に機材を更新し、その際に部隊標識の描き方も変更された。それまでの赤フチ付白文字のV-XXXの機番号は黒一色になった。戦時下で余裕が無くなったためと考えられる。また、胴体帯の描き方も変更されている

三菱 A6M2b 零式艦上戦闘機二一型
942年4月 台南海軍航空隊

〔V-110〕は台南航空隊の所属機で、捕虜の記録から前日芳光飛行兵曹が搭乗した機体とされている。1942年4月28日、ニューギニアのラエを発進し敵地上空で被弾、不時着したと考えられる。機体は1942年2月9日に完成し、製造番号1575とされている。機体はポートモレスビーに移送され各地で展示された

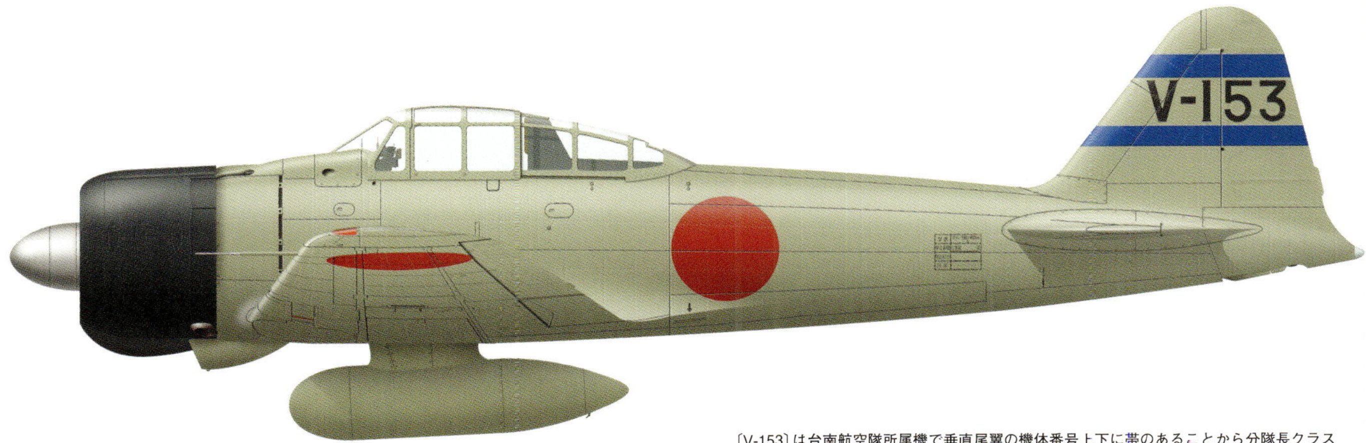

三菱 A6M2b 零式艦上戦闘機二一型
1942年4月 台南海軍航空隊

〔V-153〕は台南航空隊所属機で垂直尾翼の機体番号上下に帯のあることから分隊長クラスの搭乗機と考えられている。戦中に発表された写真がありそれをもとに作図。〔V-107〕〔V-110〕に見られる胴体の帯は描かれていないように見える。別の角度の写真からは無線機材が取り外されていることがわかった

三菱 A6M2b 零式艦上戦闘機二一型
1942年7月 台南海軍航空隊

本機体は台南海軍航空隊の所属機でニューギニアのラエに遺棄されて、1943年9月に連合軍により捕獲された。報國号の書体は後に三二型の報國-870号などと同じ様式になっている。三菱の機体データは通常の機体とは異なり、後方に描かれている。データによるとこの機体は、1942年5月30日に完成した製造番号5779である

三菱 A6M2b 零式艦上戦闘機二一型
1942年10月 航空母艦「翔鶴」戦闘機隊 新郷英城大尉機

〔EI-111〕は当時第3艦隊第1航空戦隊の航空母艦「翔鶴」戦闘機隊飛行隊長新郷大尉の搭乗機で、1942年10月頃に航空母艦「翔鶴」から発進する姿の写真をもとに作図。真珠湾攻撃時には無かった赤フチが胴体の帯や長機標識に加えられた。1942年12月から第3艦隊第1航空戦隊の符号は「E」から「A1」に変更された

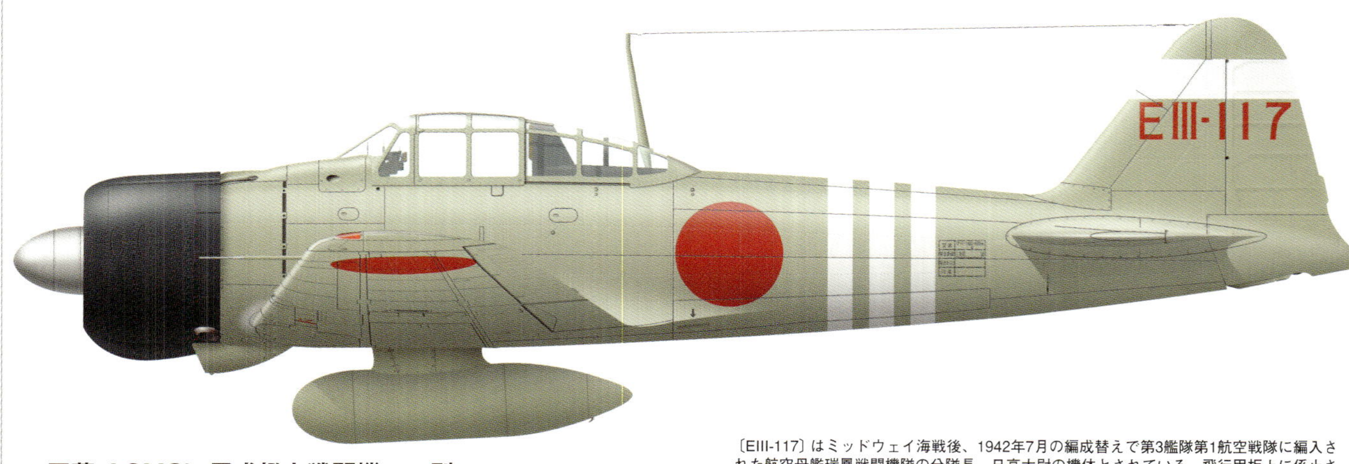

三菱 A6M2b 零式艦上戦闘機二一型
1942年10月 航空母艦「瑞鳳」戦闘機隊 日高盛康大尉機

〔EIII-117〕はミッドウェイ海戦後、1942年7月の編成替えで第3艦隊第1航空戦隊に編入された航空母艦瑞鳳戦闘機隊の分隊長、日高大尉の機体とされている。飛行甲板上に係止された同機の写真をもとに作図。胴体の3本の帯はその写真では確認できないが、ほかの写真に写っている別の機体に描かれているので、この機体にも描かれていると判断した

三菱 A6M2b 零式艦上戦闘機二一型
1943年1月 航空母艦「瑞鶴」戦闘機隊

〔A1-1-110〕は1943年1月当時、第1航空戦隊1番艦の航空母艦「瑞鶴」戦闘機隊の所属機であり、ラバウル飛行場に駐機中の写真をもとに作図。当時は航空母艦「翔鶴」が修理中で、航空母艦「瑞鶴」が1番艦となっていた。このため、胴体の前方の帯を上面色で塗りつぶしている。当時は飛行隊のみがラバウルに進出し、ソロモン戦域に出撃していた

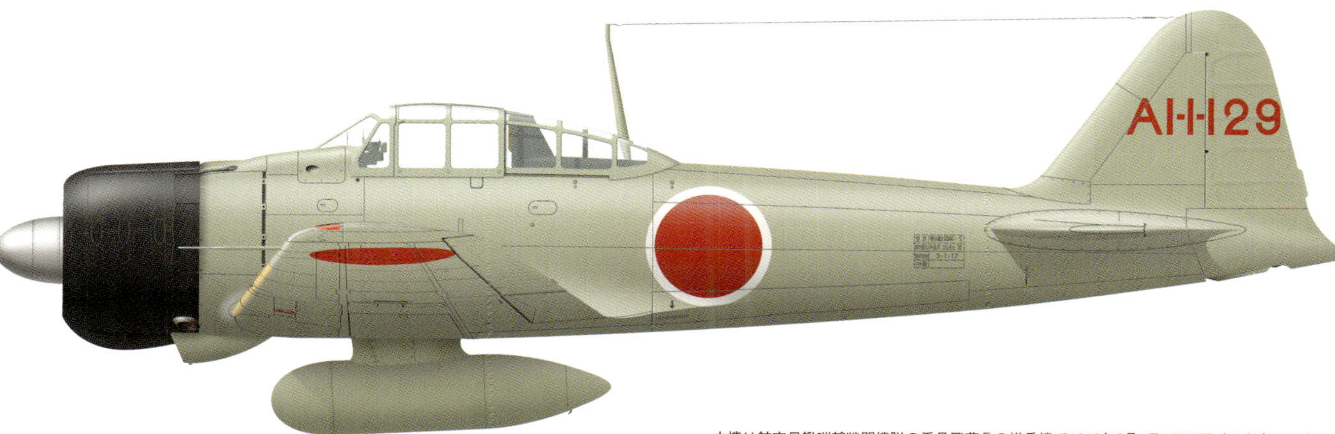

三菱 A6M2b 零式艦上戦闘機二一型
1943年1月 航空母艦「瑞鶴」戦闘機隊 重見勝馬飛行兵曹長機

本機は航空母艦瑞鶴戦闘機隊の重見飛曹長の搭乗機で1943年2月4日、F4Fワイルドキャットとの空中戦の後、ソロモン諸島のルッセル島に不時着のち戦死。機体は中島製二一型で1942年12月末に完成し、製造番号は6544。1943年1月17日「瑞鶴」戦闘機隊に供給された。日の丸には白フチがあり主翼前縁には敵味方識別帯が描かれているが、胴体の帯は描かれていない

三菱 A6M2b 零式艦上戦闘機二一型
1943年初頭 航空母艦「隼鷹」戦闘機隊

〔A2-2-102〕は航空母艦「隼鷹」戦闘機隊所属機で航空母艦「隼鷹」から発艦中の写真をもとに作図。1942年12月に艦名符号がそれまでの〔DII〕から第2航空戦隊2番艦を示す〔A2-2〕に変更され、胴体に描かれた2本の帯も黄色から赤色に変わった。主翼前縁には幅の広い識別帯が描かれている

三菱 A6M2b 零式艦上戦闘機二一型
1943年初頭 航空母艦「翔鶴」戦闘機隊

1943年には航空母艦の飛行隊は激戦のソロモン方面に投入され、基地航空隊機と共同して戦っていた。「翔鶴」戦闘機隊の標識は2番艦になり〔A1-2-1XX〕と表記されていたが、途中から「A」を省略して〔1-2-1XX〕と表記されるようにった。このころから敵味方識別帯も主翼前縁に描かれている。さらにこの上には濃緑色の応急迷彩が施されるようになる

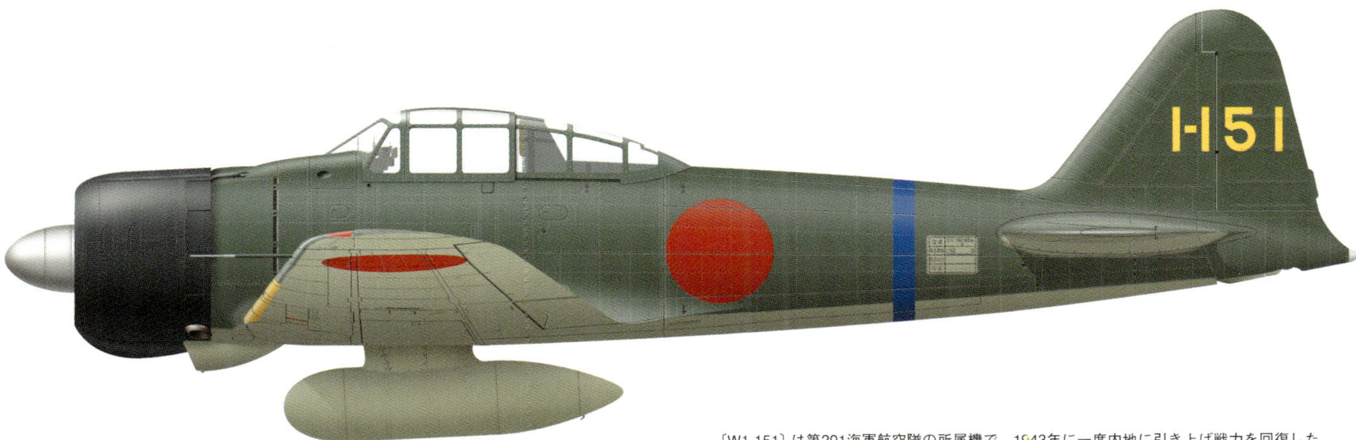

三菱 A6M2b 零式艦上戦闘機二一型
1943年夏 第201海軍航空隊

〔W1-151〕は第201海軍航空隊の所属機で、1943年に一度内地に引き上げ戦力を回復した後、1943年8月再度ラバウルに進出した。この際、機体には丁寧に濃緑色の迷彩が施されている。この時期に撮影された写真をもとに作図。胴体には日の丸とも、垂直尾翼の部隊符号とも異なる色調の帯が描かれており、青と考えた

三菱 A6M2b 零式艦上戦闘機二一型
1943年夏 第202海軍航空隊

〔X2-113〕は第202海軍航空隊の分隊士塩水流中尉の搭乗機で、塩水流中尉が搭乗している写真をもとに作図。灰緑色の機体に202空の前身である第3航空隊以来の赤色帯を胴体に描き、垂直尾翼の上方に機体番号を記入している。202空は当時チモール島のクーパンからオーストラリアのポートダーウィンへの空襲を実施していた

三菱 A6M2b 零式艦上戦闘機二一型
1943年秋 第261海軍航空隊

〔虎-143〕は第261海軍航空隊の所属機で1943年秋、鹿児島湾に不時着水した同機の写真がある。この機体は中島製二一型で編隊飛行訓練時の利便性を考えて非常に派手な塗装が施されている。261空は1943年から1944年に編成された20個航空隊のうち最も早く編成された。1944年マリアナ進出時には「虎」は使用されず「61」が使用されている

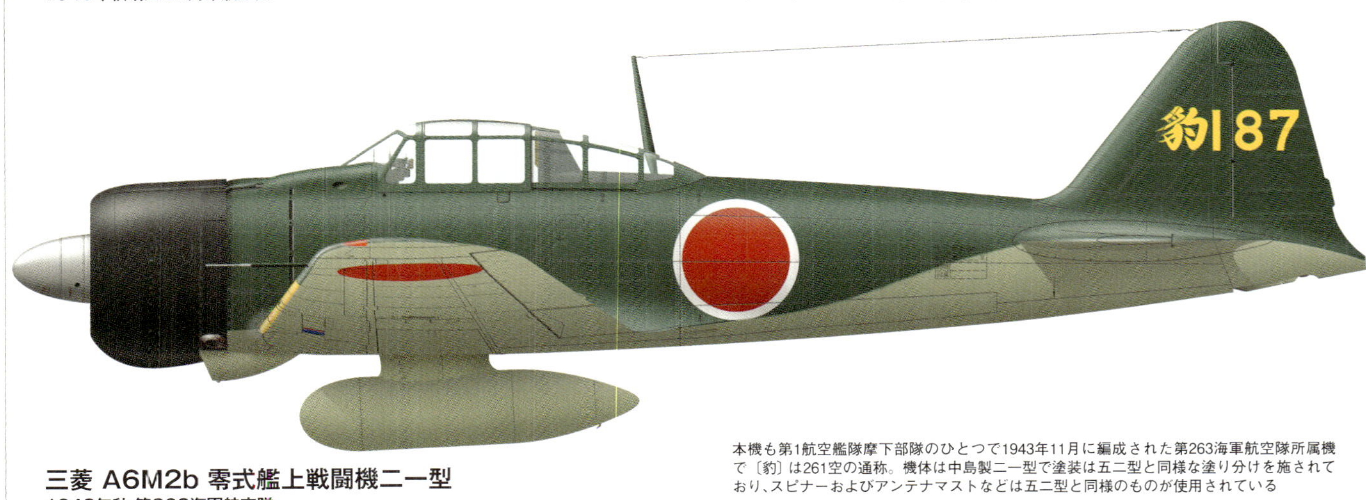

三菱 A6M2b 零式艦上戦闘機二一型
1943年秋 第263海軍航空隊

本機も第1航空艦隊麾下部隊のひとつで1943年11月に編成された第263海軍航空隊所属機で〔豹〕は261空の通称。機体は中島製二一型で塗装は五二型と同様な塗り分けを施されており、スピナーおよびアンテナマストなどは五二型と同様のものが使用されている

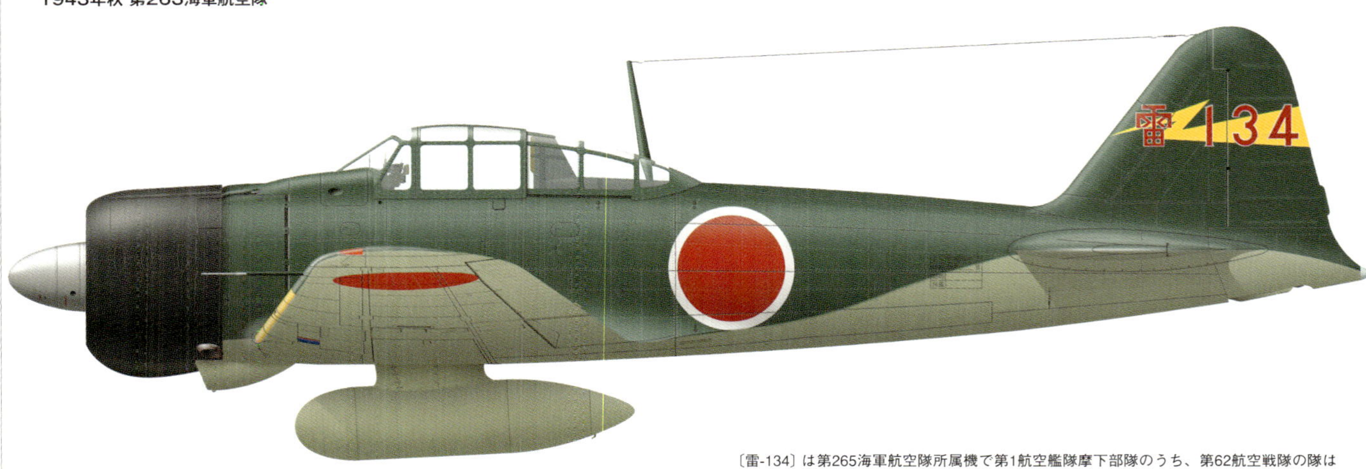

三菱 A6M2b 零式艦上戦闘機二一型
1944年2月 第265海軍航空隊

〔雷-134〕は第265海軍航空隊所属機で第1航空艦隊麾下部隊のうち、第62航空戦隊の隊は気象にちなんだ通称をつけられていた。1944年2月台湾の新竹での訓練中の写真をもとに作図。海軍機としては色鮮やかな例だが、マリアナ諸島へ進出後の尾翼標識は「8-」に二ケタの番号を組み合わせたものに変えられている

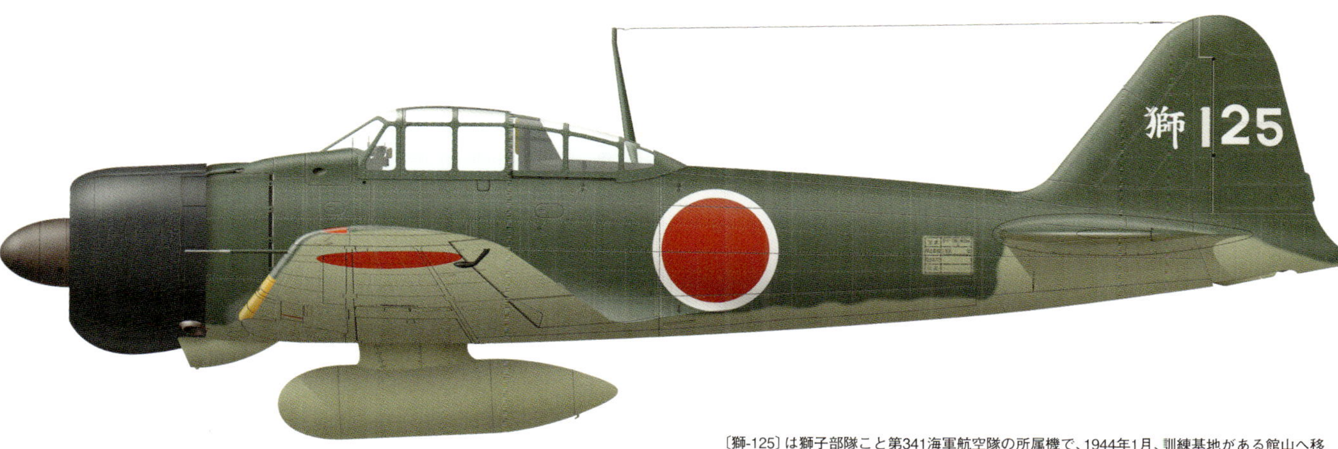

三菱 A6M2b 零式艦上戦闘機二一型
1944年1月 第341海軍航空隊

〔獅-125〕は獅子部隊こと第341海軍航空隊の所属機で、1944年1月、訓練基地がある館山へ移動中の写真をもとに作図。本来「紫電」を装備するはずの部隊であるが、機材が整わないため零戦を使用。この機体は補助翼に紡錘型のバランスタブが取り付けられており、極めて初期に製造された二一型である。塗装は灰緑色塗装の上に濃緑色を塗られていると思われる

三菱 A6M2b 零式艦上戦闘機二一型
1944年5月 第343海軍航空隊

〔43-179〕は第343海軍航空隊の所属機で1944年5月テニアン第3飛行場に離着陸試験を実施した際の写真をもとに作図。写真から尾翼には黄色で43-179の文字、胴体には白色の細い斜めの帯が2本描かれており、分隊長クラスの搭乗機の可能性もある。本来紫電装備の部隊として編成されたが、機材が整わず零戦ニ一型を使用している

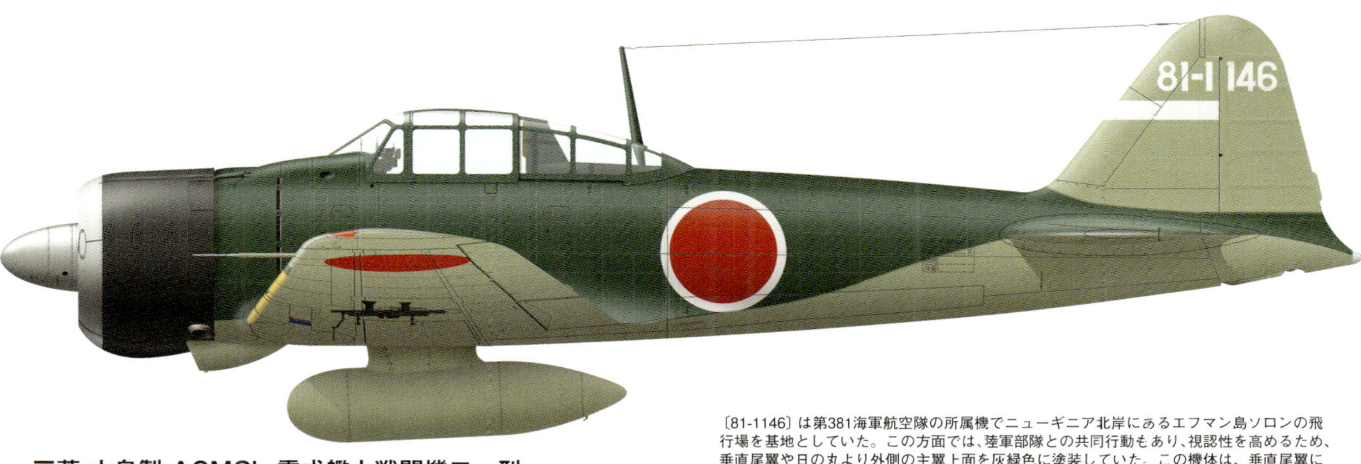

三菱 中島製 A6M2b 零式艦上戦闘機二一型
1944年4-5月 第381海軍航空隊

〔81-1146〕は第381海軍航空隊の所属機でニューギニア北岸にあるエフマン島ソロンの飛行場を基地としていた。この方面では、陸軍部隊との共同行動もあり、視認性を高めるため、垂直尾翼や日の丸より外側の主翼上面を灰緑色に塗装していた。この機体は、垂直尾翼に白色の帯を描き、エンジンカウリング前縁も白く塗装していることから指揮官機と考えられる

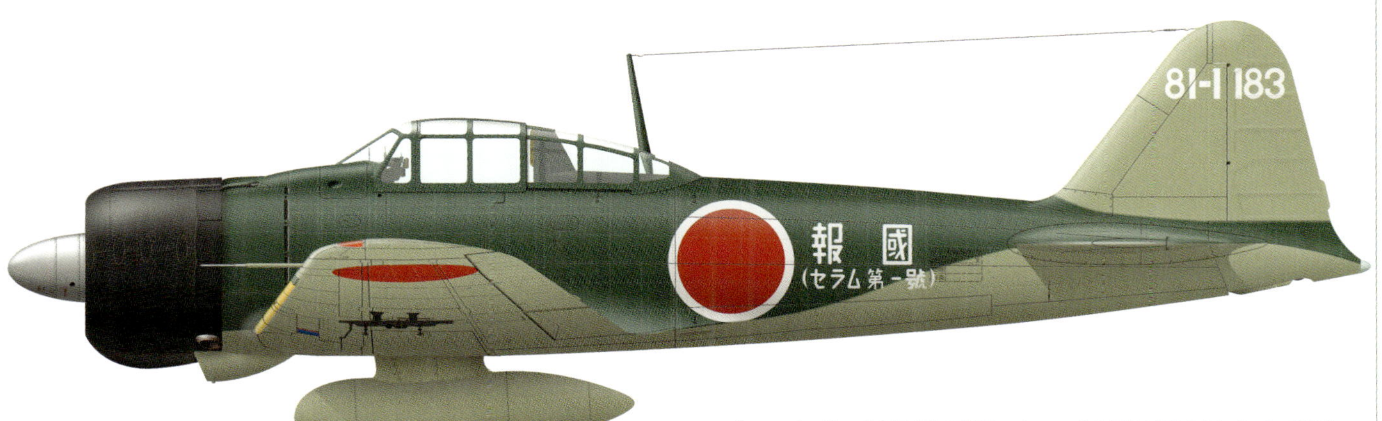

三菱 中島製 A6M2b 零式艦上戦闘機二一型
1944年4-5月 第381海軍航空隊

〔81-1183〕は第381海軍航空隊の所属機で〔81-1146〕と同様の塗装を施している。胴体側面には報國号機と似たマーキングをしているが、正式な報國号機ではなく、現地の協力の人々の士気を高める一種の宣撫工作と考えられる。〔81-1146〕、〔81-1183〕の両機ともに、大型化したスピナーや背の低いアンテナマストなどの中島製二一型後期生産機の特徴を備えている

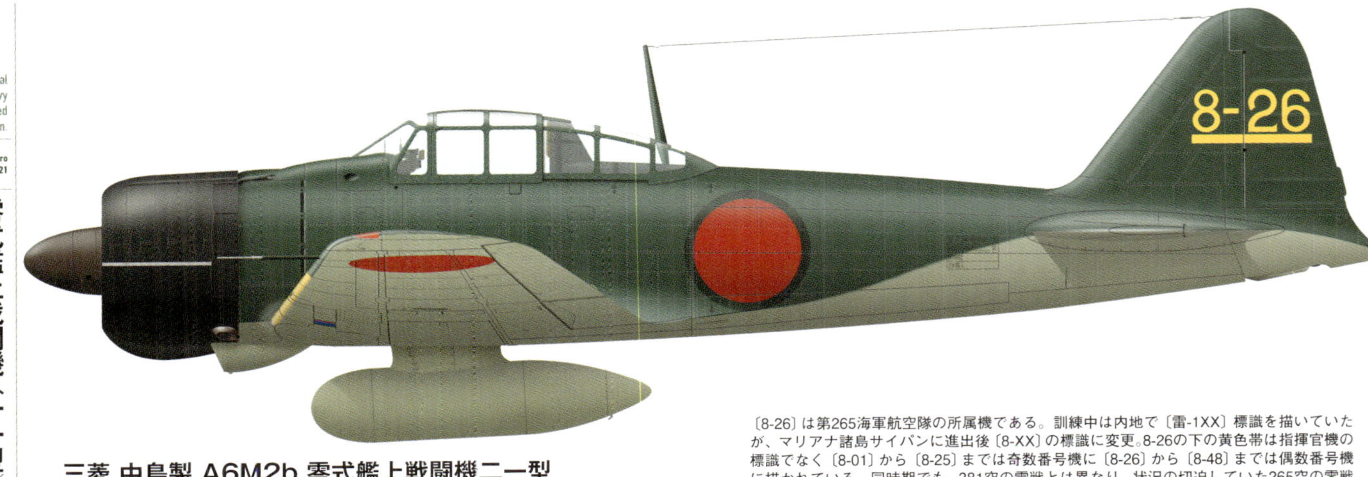

三菱 中島製 A6M2b 零式艦上戦闘機二一型
1944年6月 第265海軍航空隊

〔8-26〕は第265海軍航空隊の所属機である。訓練中は内地で〔雷-1XX〕標識を描いていたが、マリアナ諸島サイパンに進出後〔8-XX〕の標識に変更。8-26の下の黄色帯は指揮官機の標識でなく〔8-01〕から〔8-25〕までは奇数番号機に〔8-26〕から〔8-48〕までは偶数番号機に描かれている。同時期でも、381空の零戦とは異なり、状況の切迫していた265空の零戦の場合、スピナーを茶色に塗り、日の丸の白フチを濃い色で塗りつぶしている

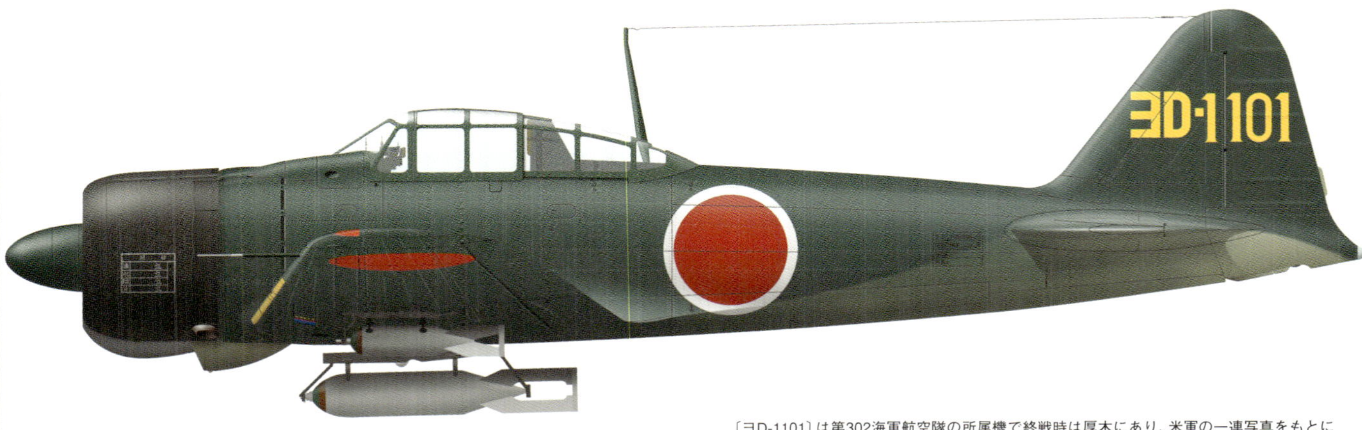

三菱 A6M2b 零式艦上戦闘機二一型
1945年8月 第302海軍航空隊

〔ヨD-1101〕は第302海軍航空隊の所属機で終戦時は厚木にあり、米軍の一連写真をもとに作図。エンジンカウリング底面は下面色に塗られているが、その上に薄く濃緑色の上面塗料が吹き付けられている。胴体中央部と主翼下面は濃緑色に塗られており、胴体は後部に行くほど薄い上面色が吹き付けられているというものである

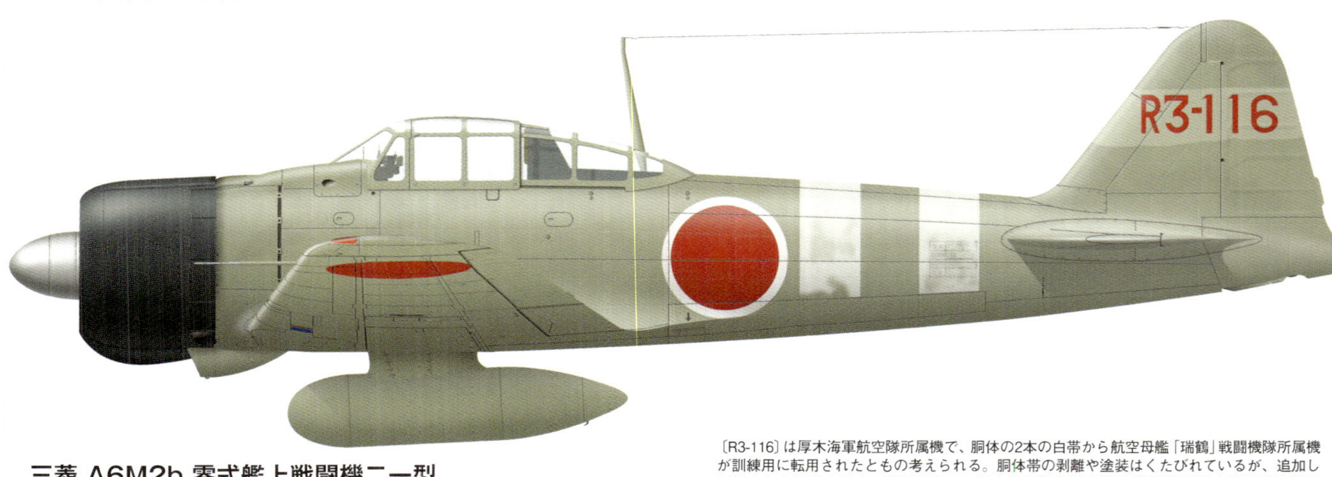

三菱 A6M2b 零式艦上戦闘機二一型
1943年夏 厚木航空隊

〔R3-116〕は厚木海軍航空隊所属機で、胴体の2本の白帯から航空母艦「瑞鶴」戦闘機隊所属機が訓練用に転用されたともの考えられる。胴体帯の剥離や塗装はくたびれているが、追加して描かれた日の丸の白フチは目立つ。厚木海軍航空隊は第302海軍航空隊とは別の部隊で1943年4月不足する戦闘機搭乗員養成の目的で厚木飛行場に開設された訓練部隊である

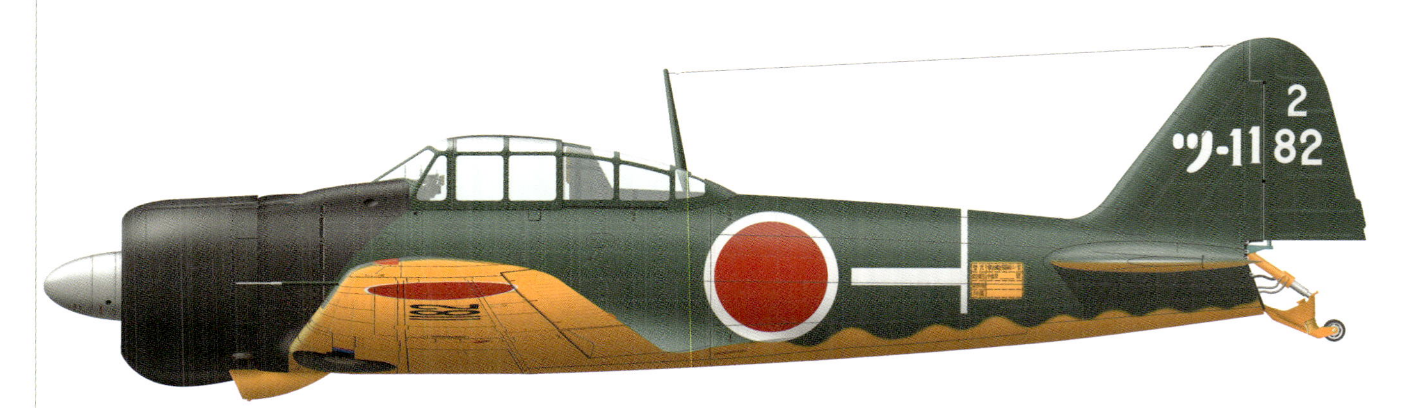

三菱 A6M2b 零式艦上戦闘機二一型
1944年10月 筑波海軍航空隊

〔ツ-1182〕は筑波海軍航空隊の所属機で、中島製二一型である。大型スピナーや背の低いアンテナマストなど後期生産機の特徴を備えている。機体下面は練習機の黄橙色に塗られ上面色との境目は波型に塗られている。機体の尾部は標的吹き流しの曳航や点検の利便性を考えて取り外してある。胴体後方の縦横の白色帯は飛行中の姿勢確認に使用されると考えられる

▲第3航空隊の隊員と零戦二一型〔X-128〕。中国大陸で活躍した第12航空隊を源流とする3空は尾翼の機番号の記入法も12空以来の垂直尾翼上方にちょこんと記入するタイプだった

▼開戦劈頭、快進撃を続ける日本海軍空母機動部隊は、ラバウルや蘭印攻略のあとセレベス島ケンダリーにその翼を休めた。写真はケンダリーに進出した第2航空戦隊の空母「蒼龍」艦戦隊の零戦二一型。画面左には第3航空隊の零戦と九八式陸上偵察機が駐機している

▲昭和17年9月、風雲急を告げる南東方面のソロモン諸島の航空戦に参加するため南西方面から駆けつけた第3航空隊の零戦二一型のうちの1機で〔X-182〕。胴体と尾翼に帯を消したような痕が見られるため、以前は2本の帯を巻いて分隊長クラスの搭乗機として使われていたものと推測される。カウリングから水平に流れたオイル汚れが興味深い

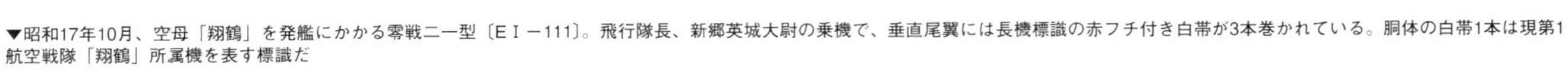

▼昭和17年10月、空母「翔鶴」を発艦にかかる零戦二一型〔ＥＩ－111〕。飛行隊長、新郷英城大尉の乗機で、垂直尾翼には長機標識の赤フチ付き白帯が3本巻かれている。胴体の白帯1本は現第1航空戦隊「翔鶴」所属機を表す標識だ

▲桜の撃墜マークを記入したことで以前から有名な第3航空隊のこの零戦二一型〔X-183〕は橋口嘉郎2飛曹の搭乗機と言われる。方向舵の色が違って見えるのは角度がついているためで決して灰緑色とは違った色が塗られている若ではない（白帯のトーンからもそれがうかがえる）

▲こちらも同じく第3航空隊の零戦二一型〔X-138〕と搭乗員たち。統一された数字の書体がよくわかる

▶胴体日の丸に白フチを付けた零戦二一型は中島製とよく言われるが、これはすでにこの時期に本家の三菱は三二型を絶賛量産中だったため。中島は三二型も二二型も生産せず、昭和19年まで二一型を作り続けつつ、五二型の生産ラインを追加し、一時は両型式とも並行して生産していた

▼昭和18年になって新たに編成された第1航空艦隊は機動基地航空部隊と呼ばれる空中艦隊で、これに属する第61航空戦隊麾下の航空部隊には猛獣や猛禽に因んだ通称が付けられていた。写真はそのうちのひとつ、第261海軍航空隊で練習機として使用されていた零戦二一型〔虎-110〕で、「虎」が261空の通称だ。訓練中の事故により胴体が日の丸後方部分からちぎれてしまっている

零式艦上戦闘機(三二型/二二型/五二型/六二型)

Mitsubishi A6M3/A6M3a/A6M5/A6M5a/A6M5b/A6M5c/A6M7 ZEKE/ZERO

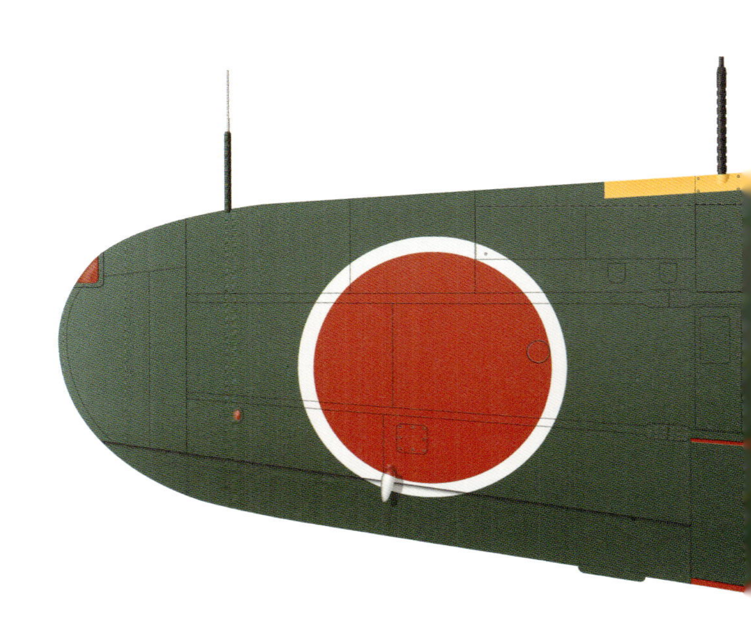

零戦は搭載エンジンによって大きくふたつのグループに分けることができるが、本稿で紹介するのが第二のグループといえる。

三二型は二速過給器の付いた栄二一型エンジンに換装して、仮称零式二号艦上戦闘機、二号零戦の略称で開発が開始された。試作1号機の初飛行は昭和16（1941）年7月だが、書類上の正式な兵器採用を待たずに生産が開始された。その特徴は折り畳み機構を廃して翼端を角形にして生産の効率化を図り、エンジン換装に伴う速度が向上した反面、旋回、および航続性能が低下したことであった。

とりわけガダルカナルへの長距離進攻を行なうラバウルでは不評で（反面、好んで乗った搭乗員もいたが）、このため翼幅を戻し、かつ燃料タンクを増設した仮称零式二号艦上戦闘機改の開発が行なわれ、これが昭和18年1月に零式艦上戦闘機二二型として制式化された（同時に三二型も晴れて兵器採用となったが、すでに生産は終了）。二二型はバランスのよい性能で搭乗員にも好評で、銃身の長い九九式20ミリ固定機銃三型を装備した機体も生産された（これがのちに二二甲型と分類された）。

二二型の性能向上型が、仮称零式艦上戦闘機二二型改として試作開始された五二型である。試作1号機は昭和18年6月に完成、早くも8月には兵器採用された。五二型は翼端の折り畳みを廃して幅を短くして丸く成型、単排気管の採用と自動消火装置が搭載された。

これをベースに機銃をベルト給弾式に換装した五二甲型、右側胴体銃を13ミリ機銃（実際の口径は13.2ミリ）に強化した五二乙型、さらに主翼へも13ミリ機銃2挺を追加し、防弾ガラスを装備した五二丙型が製造され、大戦後期の主力戦闘機となった。格闘性能が低下したとの印象が強い五二型だが、反面、急降下制限速度が引き上げられるなどの改良点もあった。熟練搭乗員の操る五二型は、条件しだいとはいえ米軍の新型機を撃墜したこともあった。

続いて五三丙型が予定されていたが実現することなく、急降下爆撃機型の仮称零式艦上戦闘機六三型の１号機が、昭和20年１月に完成した。マリアナ沖海戦などで二一型に爆装を施して運用した実績を受けてのことであり、途中で栄三一甲型に換装したため六二型となった。

このほか、量産はなされなかったが五二丙型をベースに金星エンジンに換装した五四丙／六四型、胴体に斜銃を装備した夜間戦闘機型（零夜戦と称した）なども存在した。とりわけ五四丙／六四型は堀越二郎氏が本来あるべき零戦の改良・強化策で、もっと早く実施すべきだったとする改装が興味深い。

〔文／松田孝宏〕

零式艦上戦闘機（三二型/二二型/五二型/六二型）上面塗装例

零戦三二型の登場からしばらくたった昭和17年末から18年初頭にかけて、南東方面の戦場に展開する基地航空隊の零戦にも濃緑色の迷彩塗装が主翼や胴体の上面に施されるようになった。これは駐機中に空中の敵機からの被発見を防ぐためで、昭和18年半ばには三菱（二二型後期生産機）や中島（二一型後期生産機）など、メーカーの生産ラインにこの迷彩塗装の工程が組み込まれることとなっている。主翼前縁に敵味方識別帯の黄橙色が記入されるようになるのも昭和18年初頭から。迷彩機にわざわざ追加されるようになった日の丸の白フチは、やはり上空から見た際に目立つということで濃緑色で塗りつぶされるケースが多かった

三菱 A6M3 零式艦上戦闘機三二型
1942年秋 第6航空隊

〔U-138〕は第6航空隊所属機で1942年秋ラバウル進出時に装備されていた三二型。第6航空隊は1942年春、第1段作戦終了後内地に帰還した台南航空隊や第3航空隊のベテラン搭乗員を基幹要員として編成された。ラバウルに派遣されガダルカナル島をめぐる戦闘やニューギニア方面の戦闘に投入された

三菱 A6M3 零式艦上戦闘機三二型
1942年秋 台南海軍航空隊

〔V-187報國-870（洪源号）〕は台南海軍航空隊の所属機で1942年9月から11月にニューギニアに派遣され、撤退時にブナ飛行場に遺棄された機体と考えられる。1942年12月侵攻してきた米軍により発見された。機体は1942年6月28日に完成した製造番号3028号機である。胴体には斜めの黄色帯が報國号のマーキングを横切って描かれている

三菱 A6M3 零式艦上戦闘機三二型
1942年秋 第2航空隊 角田和男飛行兵曹長機

垂直尾翼の「Q」は第2航空隊を示す標識である。ニューギニアから撤退する際にブナ飛行場に遺棄された。この機体は1942年6月30日に完成した製造番号3030号機である。第2航空隊は1942年11月に第582海軍航空隊と改称された

三菱 A6M3 零式艦上戦闘機三二型
1942年秋 台南海軍航空隊

〔V-190報國-874（定平号〕は台南海軍航空隊の所属機で〔V-187〕と同様の経緯でブナ飛行場に遺棄されたと考えられる。尾翼の〔V-190〕の上下に白色帯があることから、分隊長が搭乗した機体と思われる。胴体には報國号のマーキングを避けて青色帯が描かれている。この機体は1942年7月3日に完成した製造番号3032号機である

三菱 A6M3 零式艦上戦闘機三二型
1943年 部隊不明

〔2-181〕は写真を見ると垂直尾翼に2-181の標識が描かれているようにみえる。第2航空隊の所属機であるとの説もある。機体は1942年7月6日に完成した製造番号3035号機である。胴体には楔型の青色または赤色の帯が2本描かれている。1943年9月連合軍ラエ飛行場を占領した際に発見された

三菱A6M3 零式艦上戦闘機三二型
1942年秋 第2航空

〔Q-104〕は第2航空隊の所属機で〔報國-870〕〔報國-872〕〔報國-874〕と同様にブナ飛行場に遺棄され、1942年12月にブナ飛行場を占領した連合軍により発見されている。この機体は1942年7月6日に完成した製造番号3036号機である。資料によっては尾翼に黄色の帯があるとされているが、写真を見た限り確認できない

三菱 A6M3 零式艦上戦闘機三二型
1942年8から9月 第3航空隊 伊藤清二等飛行兵曹長機

〔X-151報國-994(第一芙蓉電髪号)〕は第3航空隊の所属機で伊藤二飛曹の搭乗機とされている。この時期の報國号機と同じ字体で報國号マーキングが施されている。芙蓉電髪号の電髪はパーマネントのことで、美容関係者からの献納機と考えられる。この時期、第3航空隊はチモール島のブトン飛行場などからオーストラリア北部を攻撃している

三菱 A6M3 零式艦上戦闘機三二型
1942年秋 第3航空隊

「X-152報國-1000(廣島縣醫師會号)」機は第3航空隊の所属機で、灰緑色の標準的な塗装に第3航空隊を示す赤色の帯を胴体に描いている。「廣島縣醫師會号」は広島県医師会より献納された機体で、報國号のマーキングはこの時期の標準的なものとなっている。1942年11月に第3航空隊は第202海軍航空隊に改称される

三菱 A6M3 零式艦上戦闘機三二型
1943年5月 第204海軍航空隊　柳谷謙治飛行兵長機

〔T2 190〕は第6航空隊から1942年11月に改称された第204海軍航空隊の所属機で、204空に改称された際にそれまでのUから始まる機体番号をT2に変更し、2段に分けて尾翼に描いている。迷彩効果を向上するため、灰緑色に濃緑色を応急的に吹き付けており、機体には、204空の部隊標識である黄色帯が描かれている

三菱 A6M3 零式艦上戦闘機三二型
1943年9月 第204海軍航空隊

「T2 197」機は第204海軍航空隊の所属機で1943年9月頃にブーゲンビル島ブイン飛行場で撮影された写真をもとに作図。「T2 190」と同様に灰緑色の機体の上に濃緑色の応急的な迷彩を施している。そのため風防ガラスへの塗料の付着をおそれて、風防周辺には迷彩は施されていない。この機も性能が充分でない無線関係の機材を取り外している

三菱 A6M3 零式艦上戦闘機三二型
1943年秋 岩国海軍航空隊

〔イハ-129〕は岩国海軍航空隊の所属機で戦闘機専修学生の教育などに使用されていた。実戦部隊の中古機ではなく、製造後すぐに供給されたと考えられる。主翼前縁の識別帯は機体の塗装色との明度に差が少ないが、時期的には記入されている可能性もある。三二型から20㎜機銃は100弾倉を装備するようになったので主翼下のバルジが大きく張り出している

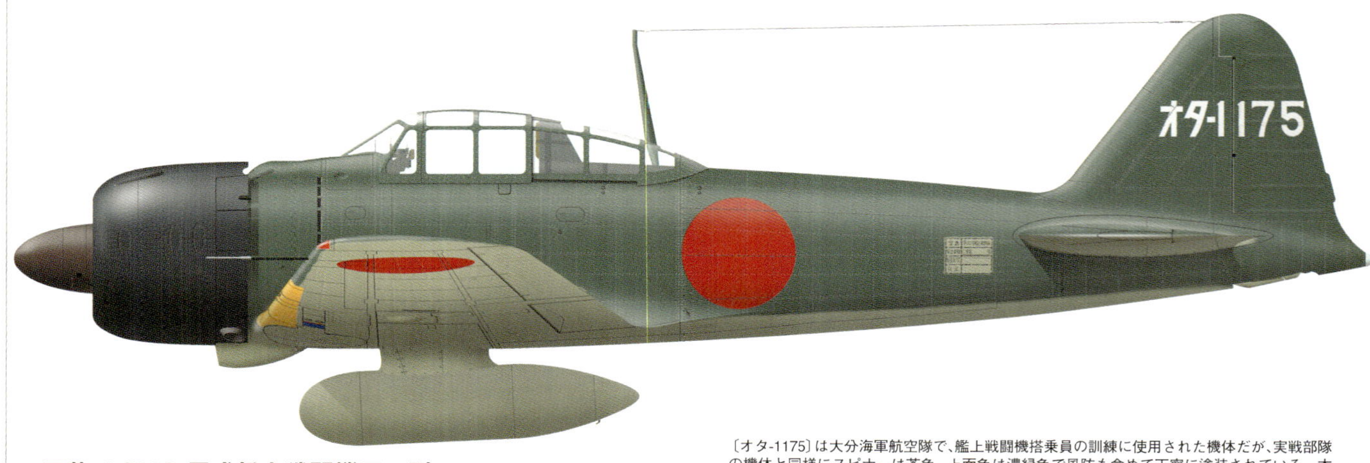

三菱 A6M3 零式艦上戦闘機三二型
1943年頃 大分海軍航空隊

〔オタ-1175〕は大分海軍航空隊で、艦上戦闘機搭乗員の訓練に使用された機体だが、実戦部隊の機体と同様にスピナーは茶色、上面色は濃緑色で風防も含めて丁寧に塗装されている。本機は三菱製の五二型などと同様の塗り分けをしており、一度航空廠などへ還納された機体をリフレッシュしたものと推定。主翼前縁の敵味方識別帯は幅広のものが記入されている

オタ-1197

三菱 A6M3 零式艦上戦闘機三二型
1943年頃 大分海軍航空隊

〔オタ-1197〕も〔オタ-1175〕と同様に大分海軍航空隊で訓練用の機材として使用されていた。写真の角度からは主翼前縁は見えないので、敵味方識別帯の有無は確認できていない。未だに多くの零戦二一型が前線にある時期に三二型を訓練用の機材として使用するのは、もったいないような気がする

三菱 A6M3 零式艦上戦闘機三二型
1944年9月 台南海軍航空隊（二代目）谷水竹雄上等飛行兵曹機

2代目台南海軍航空隊の所属機で当時教員であった谷水上飛曹が搭乗した機体。上面は濃緑色で塗装され、波型の塗り分けが施されている。濃緑色で追加塗装された際に製造データが消されたためか、データ欄の上半分に機体形式と製造番号の部分が白色で描かれている。機体側面には1944年9月3日高雄上空でB24 を1機撃墜したことなどの戦歴が記入されている

三菱 A6M3 零式艦上戦闘機三二型
1944年 筑波海軍航空隊

本機も上面色を丁寧に追加塗装された機体で、写真を見る限り尾翼の帯は白に見えるが機番号の〔ツ-1151〕は日の丸の白フチなどに比べて暗いので黄色と考えて作図。胴体の日の丸の後方の白帯は、飛行姿勢確認用と思われる。後部固定風防下に見える白色の部分は運転制限の注意書きと考えた

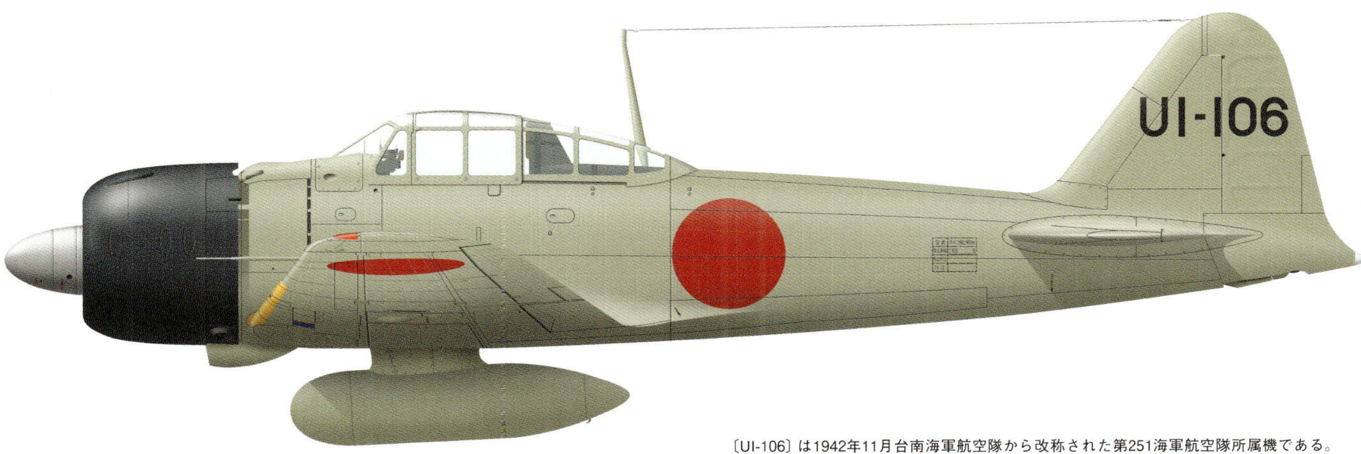

三菱 A6M3 零式艦上戦闘機二二型
1943年春 第251海軍航空隊 西澤廣義上等飛行兵曹搭乗機

〔UI-106〕は1942年11月台南海軍航空隊から改称された第251海軍航空隊所属機である。豊橋飛行場における再建中に西澤上飛曹がコックピットに着席している写真があり、それをもとに作図。二一型、三二型と同様に機体全体が灰緑色に塗られているが、主翼前縁には敵味方識別帯が記入されている

三菱 A6M3 零式艦上戦闘機二二型
1943年夏 第251海軍航空隊 西澤廣義上等飛行兵曹搭乗機

251空がラバウルに再度進出した際には部隊標識のUIは消され、垂直尾翼の番号だけが白色で描かれるようになった。濃緑色で応急の迷彩塗装が施されているが、ガラスへの塗料の付着を恐れキャノピー部分は塗装されていない。迷彩塗装が応急的に施されたのでまだらな仕上げになっているが、これは塗装に剥離によるものではない

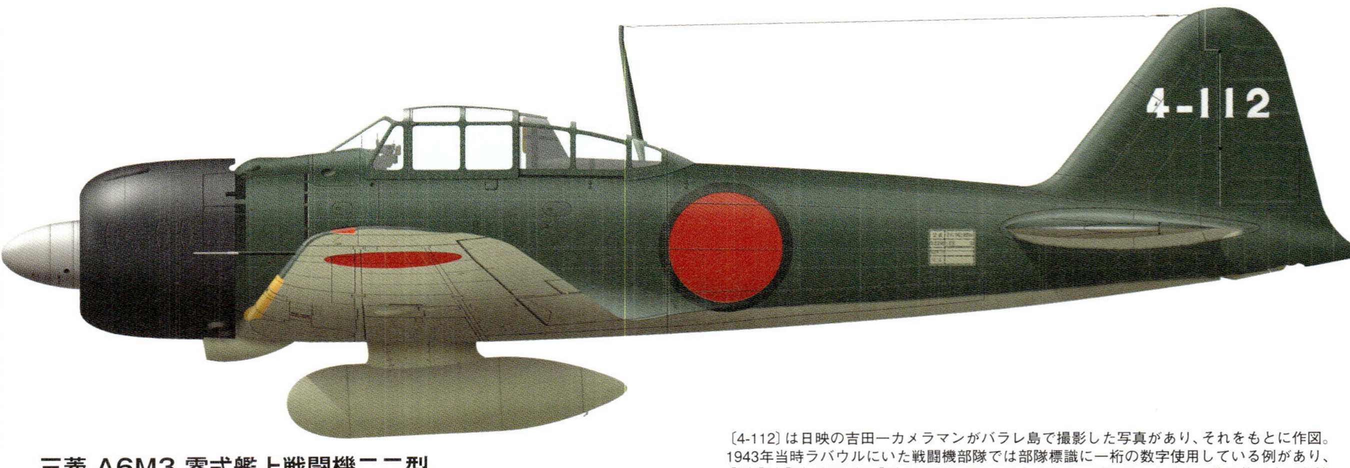

三菱 A6M3 零式艦上戦闘機二二型
1943年末 所属部隊不明

〔4-112〕は日映の吉田一カメラマンがバラレ島で撮影した写真があり、それをもとに作図。1943年当時ラバウルにいた戦闘機部隊では部隊標識に一桁の数字使用している例があり、「1」「2」「6」が201空、「9」が204空であることがわかっている。しかし、その他にもこの機体の「4」や「7」があり、これらの所属部隊は判明していない

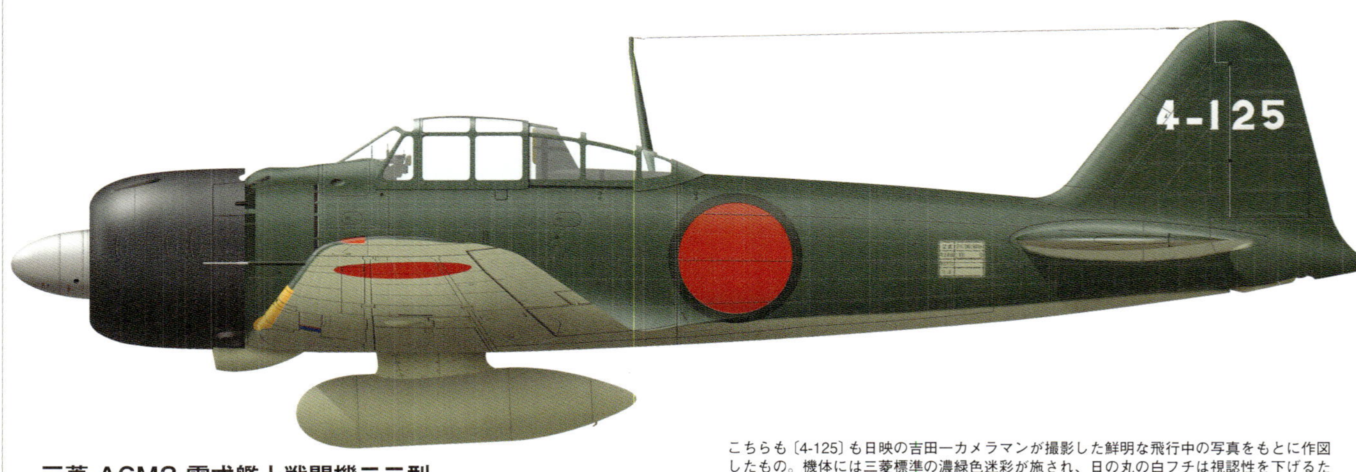

三菱 A6M3 零式艦上戦闘機二二型
1943年末 所属部隊不明

こちらも〔4-125〕も日映の吉田一カメラマンが撮影した鮮明な飛行中の写真をもとに作図したもの。機体には三菱標準の濃緑色迷彩が施され、日の丸の白フチは視認性を下げるため暗い色で消されている。写真には編隊を組んでいる五二型も写っており、アンテナマストの形状の違いがわかる

三菱 A6M3 零式艦上戦闘機二二型
1943年末 第201海軍航空隊 河合四郎大尉機

〔2-163〕は第201海軍航空隊の飛行隊長河合大尉の搭乗機とされている。垂直尾翼には201空を示す「2-」から始まる番号を記入。その上下に白帯を描き、さらに胴体に2本の斜めの白帯を記入して飛行隊長機を示している。胴体の日の丸の白フチは暗い色で消されている

三菱 A6M3 零式艦上戦闘機二二型
1943年末 第201海軍航空隊

この時期の201空の二二型には塗装剥離の激しいものと、この「6-161」機のように剥離の無いものがある。塗装が剥離していても銀色のジュラルミン地が見えているわけではなく、現地で応急的に吹き付けられた濃緑色が剥離し、灰緑色の基本塗装が顔をだしているだけだ。剥離の無い機体は工場出荷時から濃緑色迷彩を施されていたと考えられる

三菱 A6M3 零式艦上戦闘機二二型
1943年夏 第253海軍航空隊

1942年11月に鹿屋海軍航空隊が第751海軍航空隊に改称されると戦闘機隊が独立して第253海軍航空隊は改称された。当初は鹿屋航空隊時代の「K」を使用し、その後「U3」に変更、1943年中頃には、「ZI」の部隊標識を使用するようになった。水平尾翼の下の塗りわけを見るに、現地で濃緑色を塗装したと考えられる

三菱 A6M3 零式艦上戦闘機二二型甲
1943年4月 第582海軍航空隊

〔188〕は第582海軍航空隊所属機で、1943年4月7日、「い号作戦」に参加するためブーゲンビル島ブイン飛行場で撮影された写真をもとに作図。機体は二二型甲でキャノピー周辺に濃緑色の迷彩が無いことから、灰緑色の塗装で工場を出荷された機体に濃緑色の迷彩を現地で施したものと考えられる。胴体に描かれた楔型の黄色帯は582空を示す標識である

三菱 A6M3a 零式艦上戦闘機二二型甲
1943年6月 第582海軍航空隊 飛行隊長進藤三郎大尉機

い号作戦以降、最大のガダルカナル攻撃となる1943年6月˙6日の攻撃にブインから出撃する際の写真をもとに作図。この機体はキャノピーも含めて丁寧に濃緑色の迷彩が施されているので工場出荷時に迷彩が施されていたと考えられる。胴体には長機を示す2本の楔型黄色帯が描かれている。進藤大尉の搭乗機は3本楔マークの181とする説もある

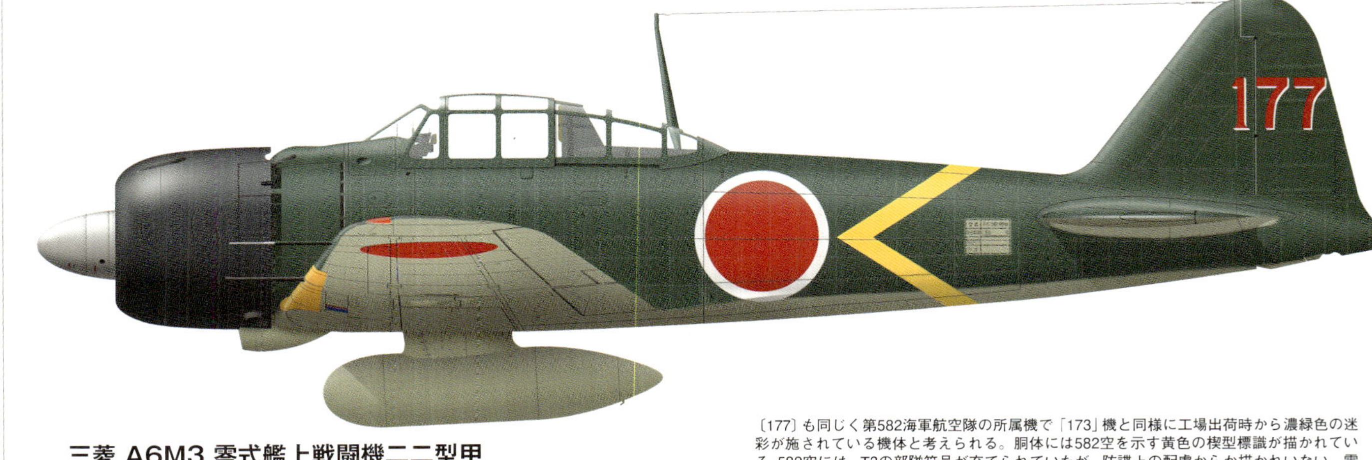

三菱 A6M3 零式艦上戦闘機二二型甲
1943年6月 第582海軍航空隊

〔177〕も同じく第582海軍航空隊の所属機で「173」機と同様に工場出荷時から濃緑色の迷彩が施されている機体と考えられる。胴体には582空を示す黄色の楔型標識が描かれている。582空には、T3の部隊符号が充てられていたが、防諜上の配慮からか描かれいない。零戦二二型甲は従来よりも、銃身の長い九九式二号20㎜機銃が装備されていた

三菱 A6M3 零式艦上戦闘機二二型甲
1943年末-1944年 所属部隊不明

〔7-101〕は所属部隊が不明の機体であるが、1943年末から1944年頃に撮影された写真をもとに作図。機銃の銃身の長さを確認することはできなかったが、甲と考えて描いた。写真内に写っている同じ「7-」から始まる符号が描かれている機体には、2本の斜め帯（黄色と思われる）が描かれていないので分隊長機と考えられる

三菱 A6M3 零式艦上戦闘機二二型甲
1943年末-1944年 第261海軍航空隊

〔虎-159〕は第261海軍航空隊の所属機で、鹿児島飛行場で偽装方法や効果を確認するためと思われる写真をもとに作図。「虎」は261空の示す通称として日本国内で訓練中には部隊符号として使用されているが、1944年2月、マリアナ進出時には「虎-」から一般的な「61-」へ変更された

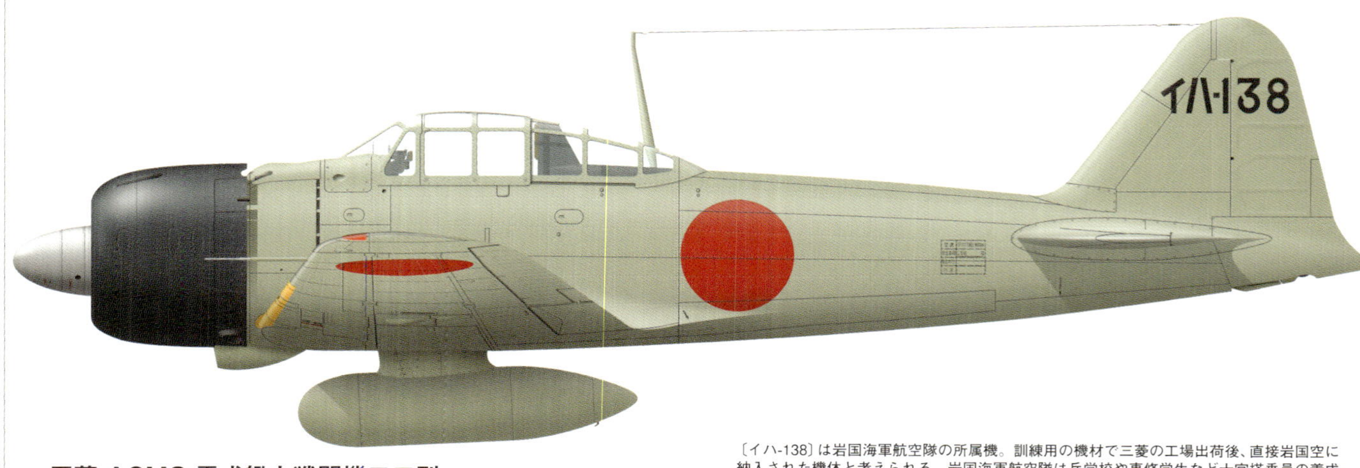

三菱 A6M3 零式艦上戦闘機二二型
1943年秋 岩国海軍航空隊

〔イハ-138〕は岩国海軍航空隊の所属機。訓練用の機材で三菱の工場出荷後、直接岩国空に納入された機体と考えられる。岩国海軍航空隊は兵学校や専修学生など士官搭乗員の養成も業務の一部に含んでいるため、最新の機材を優先的に供給したものと考えられる。〔イハ-138〕は全体を灰緑色で塗装されている初期の製造機と思われる

三菱 A6M3 零式艦上戦闘機二二型
1943年秋 岩国海軍航空隊

〔イハ-159〕は〔イハ-138〕と同様に岩国海軍航空隊で訓練用機材として使用されていたが、三菱製五二型と同様な濃緑色の迷彩が施されている点が珍しい。二二型の後期生産機では工場で迷彩塗装がなされるようになったためだ。胴体の日の丸にも約75㎜の白フチが加えられている

三菱 A6M5 零式艦上戦闘機五二型
1943年秋 第204海軍航空隊

〔9-109〕は第204海軍航空隊の所属機で五二型としては最も初期に製造された機体。排気管は本来五二型に準備されていた推力式単排気管が間に合わず、二二型と同様の集合排気を使用。胴体の日の丸の白フチは暗い色で消されている。この時期の五二型のスピナーは二二型と同じ大きさのものが使用されており、後期に比べるとやや小型なものである

三菱 A6M5 零式艦上戦闘機五二型
1943年秋から1944年初頭 第204海軍航空隊

〔9-151〕は第204海軍航空隊の所属機で、初期の五二型。排気管は推力式単排気管が導入されているが、最下部の排気管の長さが他の排気管と同じ長さのものを使用している（脚カバーがこげるので後に短くなった）。後に導入される耐熱板は導入されていない。「9-」から始まる部隊符号は204空が使用したもので、防諜効果を考えたものと思われる

三菱 A6M5 零式艦上戦闘機五二型
1944年1月から2月 第253海軍航空隊 岩本徹三飛行兵曹長機

〔53-105〕は第253海軍航空隊の岩本徹三飛曹長機とされる機体でラバウルで1944年1月26日に204空から253空に転属し、2月にトラック引き揚げるまで使用されていた。直径約10㎝の桜の撃墜マークが72個描かれているとされているので、それに従って作図。この時期ラバウルにいた零戦の日の丸白フチは暗い色で消されているので、この機も同様と考えた

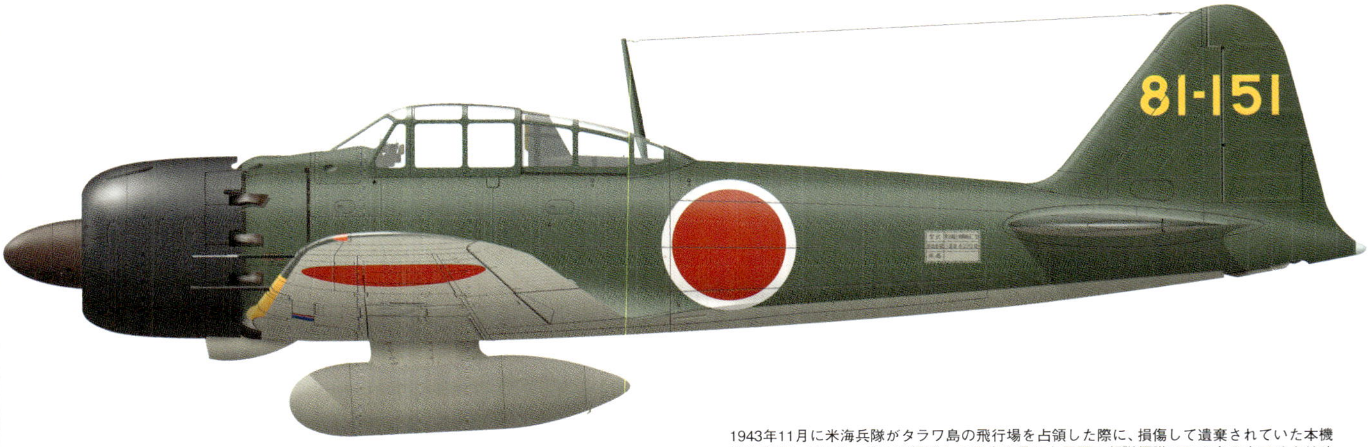

三菱 A6M5 零式艦上戦闘機五二型
1943年11月 第281海軍航空隊

1943年11月に米海兵隊がタラワ島の飛行場を占領した際に、損傷して遺棄されていた本機体を発見している。米軍が撮影した写真を見ると尾翼の部隊標識は日の丸の白フチより暗い色に見えるので黄色で作図。アメリカの記録では製造番号4220で1943年11月に製造された機体で、初期の五二型である

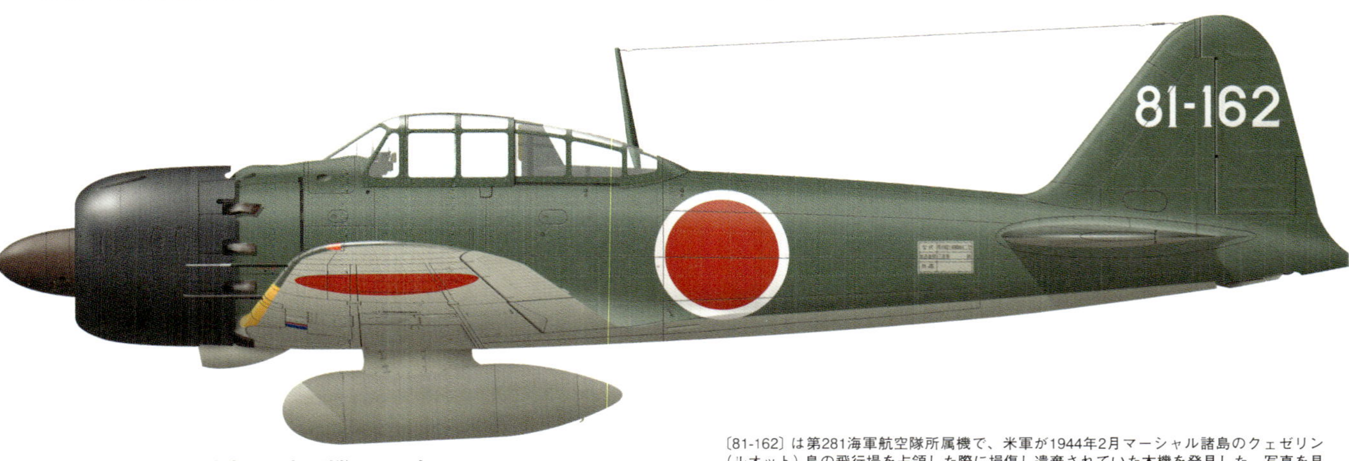

三菱 A6M5 零式艦上戦闘機五二型
1944年2月 第281海軍航空隊

〔81-162〕は第281海軍航空隊所属機で、米軍が1944年2月マーシャル諸島のクェゼリン（ルオット）島の飛行場を占領した際に損傷し遺棄されていた本機を発見した。写真を見る限り、尾翼の部隊標識は日の丸の白フチと同じ明るさに見えるので白と考えた。クェゼリンの戦闘で281空は玉砕し生存者がいないため、その最後はつまびらかではない

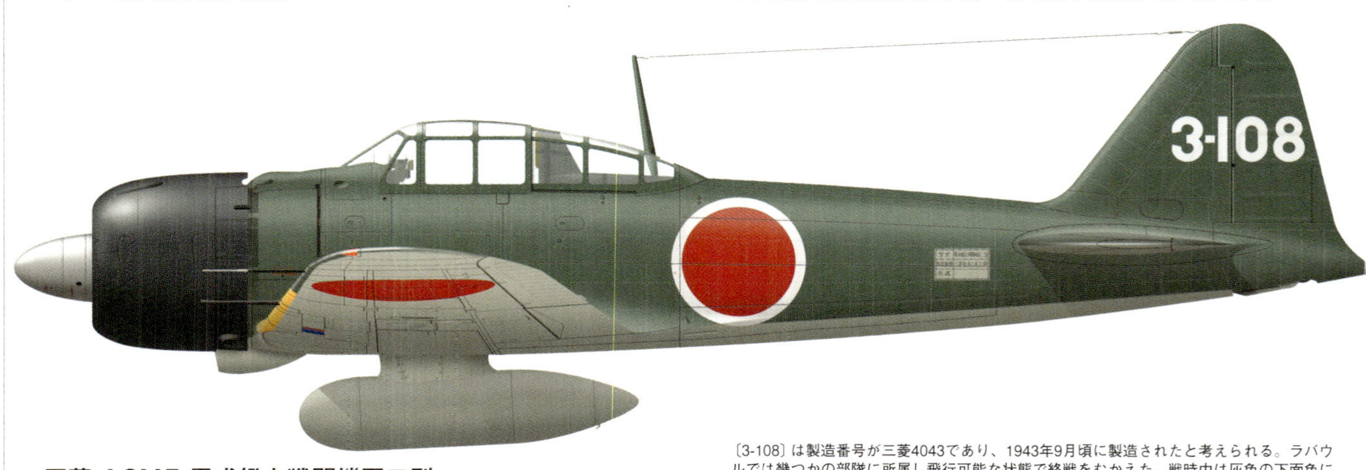

三菱 A6M5 零式艦上戦闘機五二型
1945年8月 所属部隊不明

〔3-108〕は製造番号が三菱4043であり、1943年9月頃に製造されたと考えられる。ラバウルでは幾つかの部隊に所属し飛行可能な状態で終戦をむかえた。戦時中は灰色の下面色に濃緑色の迷彩が施されていたが、終戦に際しては、全面白で塗装され、緑十字が描かれていたとされる

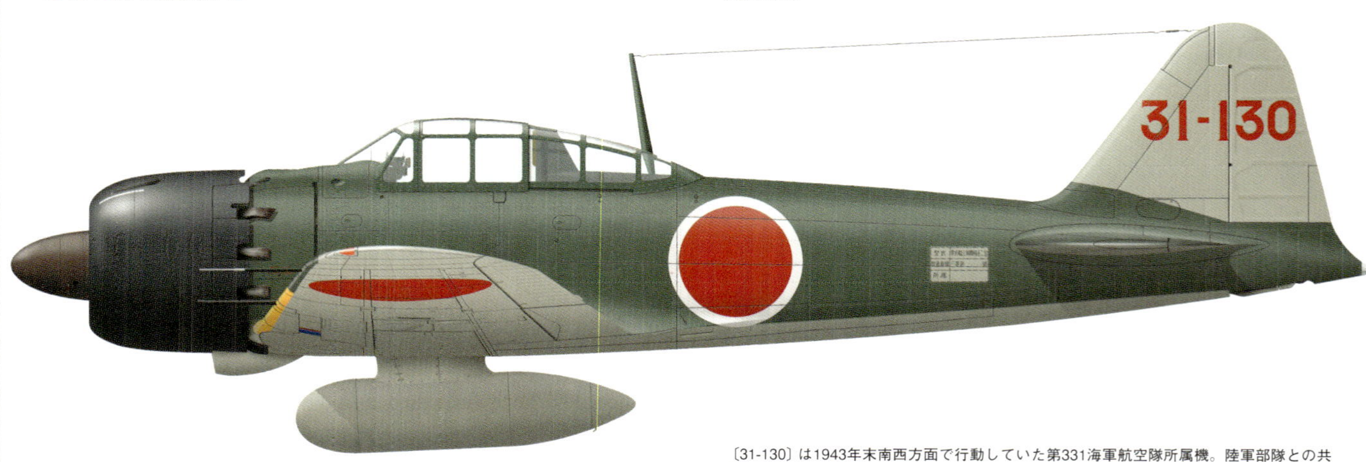

三菱 A6M5 零式艦上戦闘機五二型
1943年末 第331海軍航空隊

〔31-130〕は1943年末南西方面で行動していた第331海軍航空隊所属機。陸軍部隊との共同行動もあり、識別目的で垂直尾翼と主翼上面外側を白色で塗装することになっていた。しかし、写真に写っている機の胴体日の丸の白フチとは異なる色調のため、下面色が塗られていたと考えられる。第381海軍航空隊の零戦二一型と同様の塗装となる

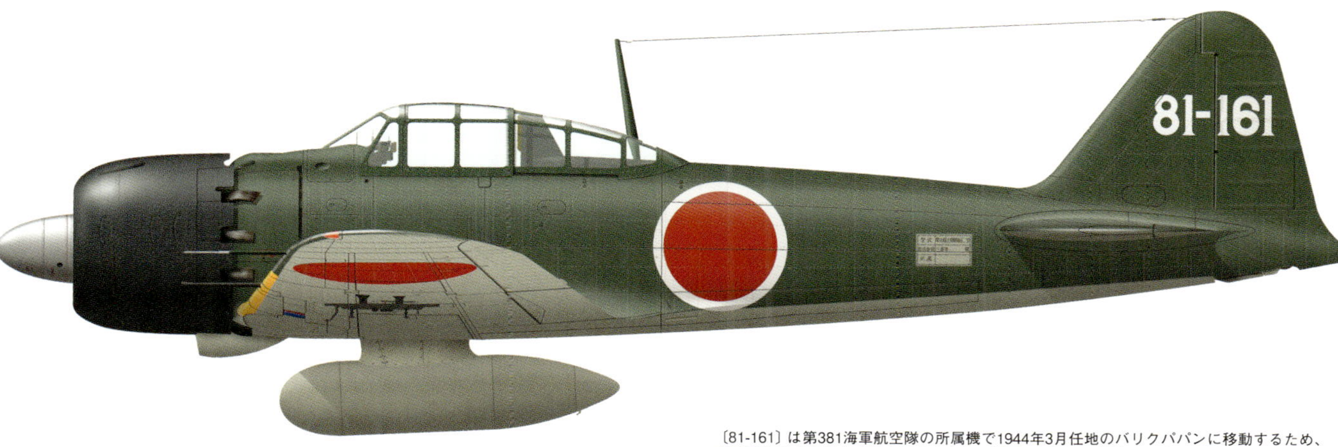

三菱 A6M5 零式艦上戦闘機五二型
1944年3月 第381海軍航空隊

〔81-161〕は第381海軍航空隊の所属機で1944年3月任地のバリクパパンに移動するため、豊橋飛行場を出発する際の写真をもとに作図。初期の三菱製五二型で、排気管の耐熱板は取り付けられていない。写真からこの機には翼下面に小型爆弾用弾架が取り付けられていることがわかる。これは、大型機迎撃時に使用する空対空爆弾用と考えられる

三菱 A6M5 零式艦上戦闘機五二型
1944年春から夏 第202海軍航空隊 戦闘第603飛行隊 迫守治上等飛行兵曹長機

〔603-164〕は戦闘第603飛行隊所属の三菱製五二型である。1944年3月に特設飛行隊制が導入され航空隊は複数の飛行隊を指揮下におくようになった。特設飛行隊の各機は指揮を執る航空隊の部隊符号を垂直尾翼に記入することが普通であるが、この機の場合は飛行隊の番号を記入している。三菱製の零戦は中島製と異なり上面色が胴体と平行なラインで塗り分けられている

三菱 A6M5 零式艦上戦闘機五二型
1944年6月 第261海軍航空隊

〔61-106〕は第261海軍航空隊の所属機で米軍がサイパンを制圧した際に、アスリート飛行場に遺棄されていた。胴体の白帯は、剥落したのか意図的に描いていないのか、三菱のデータ欄を含めて帯の上方には描かれていない。米軍は14機の零戦を空母に積んで持ち帰ろうとしたが、本機は唯一の三菱製五二型である

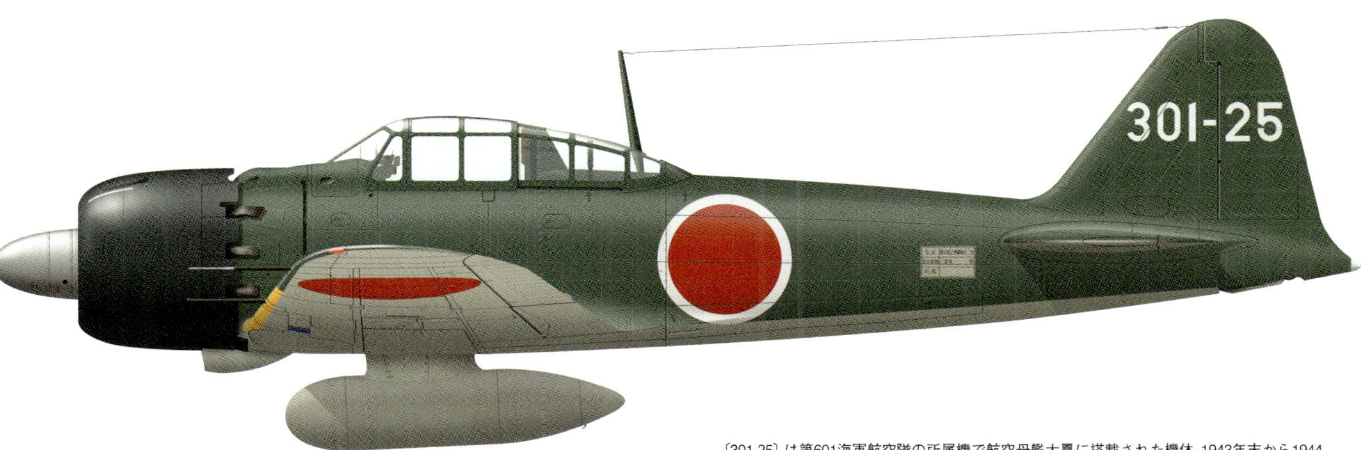

三菱 A6M5 零式艦上戦闘機五二型
1944年6月 第601海軍航空隊 航空母艦「大鳳」搭載 南義美少尉機

〔301-25〕は第601海軍航空隊の所属機で航空母艦大鳳に搭載された機体。1943年末から1944年初頭にかけて各航空母艦の飛行機隊は削除。1944年2月601空が編成され、第1航空戦隊の3隻の航空母艦に配乗させる形態を取った。1944年6月当時は尾翼に〔301-XX〕と記入しているが、「301」の「3」は第3艦隊、「0」は第3艦隊司令部直属、「1」は大鳳に搭載されていることを示す

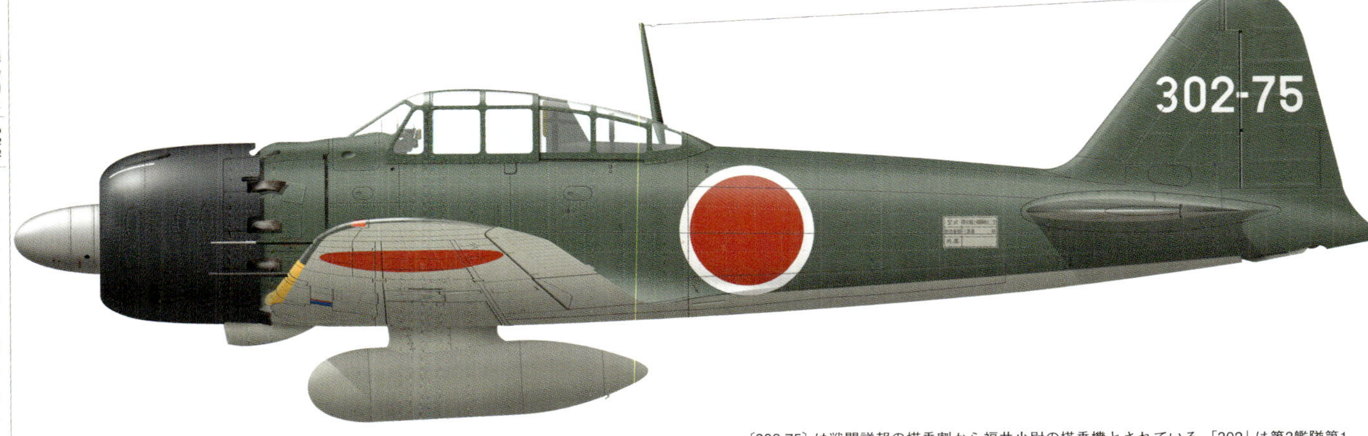

三菱 A6M5 零式艦上戦闘機五二型
1944年6月 第601海軍航空隊 航空母艦「瑞鶴」搭載 福井義男少尉機

〔302-75〕は戦闘詳報の搭乗割から福井少尉の搭乗機とされている。「302」は第3艦隊第1航空戦隊の空母瑞鶴の搭載機であることを示している。写真を確認することができないので、機番の書体は推定で作図している

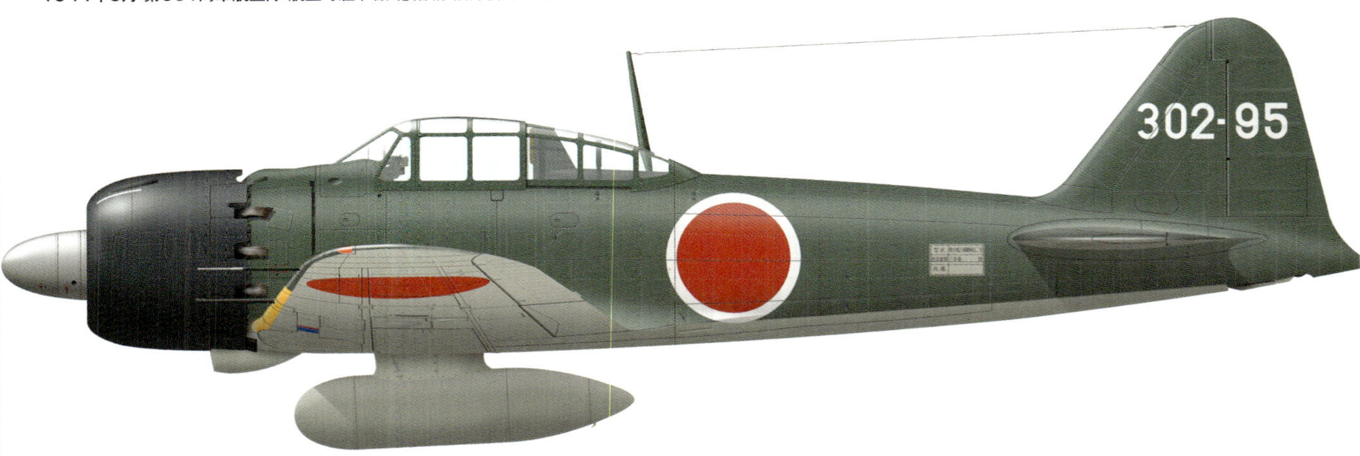

三菱 A6M5 零式艦上戦闘機五二型
1944年6月 第601海軍航空隊 航空母艦「瑞鶴」搭載 山本一郎飛行兵曹長機

〔302-95〕は戦闘詳報の搭乗割から山本飛曹長の搭乗機とされている。「302」は第3艦隊第1航空戦隊の空母瑞鶴の搭載機であることを示している。写真を確認することができないので、機番の書体は推定で作図している

三菱 A6M5 零式艦上戦闘機五二型
1944年6月 第601海軍航空隊 航空母艦「翔鶴」搭載 白浜芳次郎上等飛行兵曹機

〔303-52〕は戦闘詳報の搭乗割から白浜上飛曹の搭乗機とされている。「303」は第3艦隊第1航空戦隊の空母翔鶴の搭載機であることを示している。写真を確認することができないので、機番の字体は推定で作図している

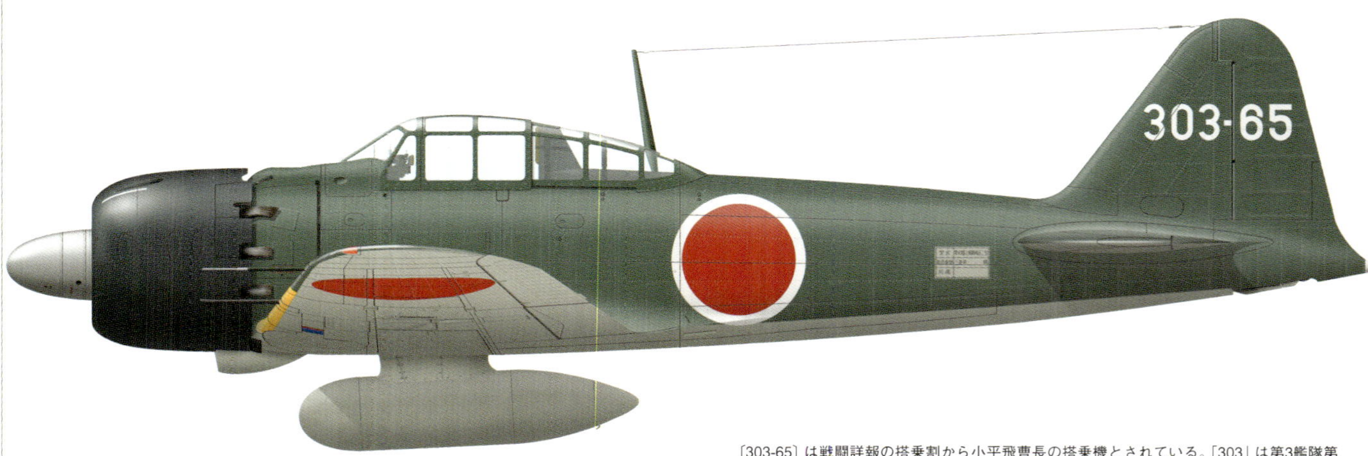

三菱 A6M5 零式艦上戦闘機五二型
1944年6月 第601海軍航空隊 航空母艦「翔鶴」搭載 小平好直飛行兵曹長機

〔303-65〕は戦闘詳報の搭乗割から小平飛曹長の搭乗機とされている。「303」は第3艦隊第1航空戦隊の空母翔鶴の搭載機であることを示している。写真を確認することができないので、機番の字体は推定で作図。文字が黄色で描かれているとの資料もあるが他の機と同様に白色とした

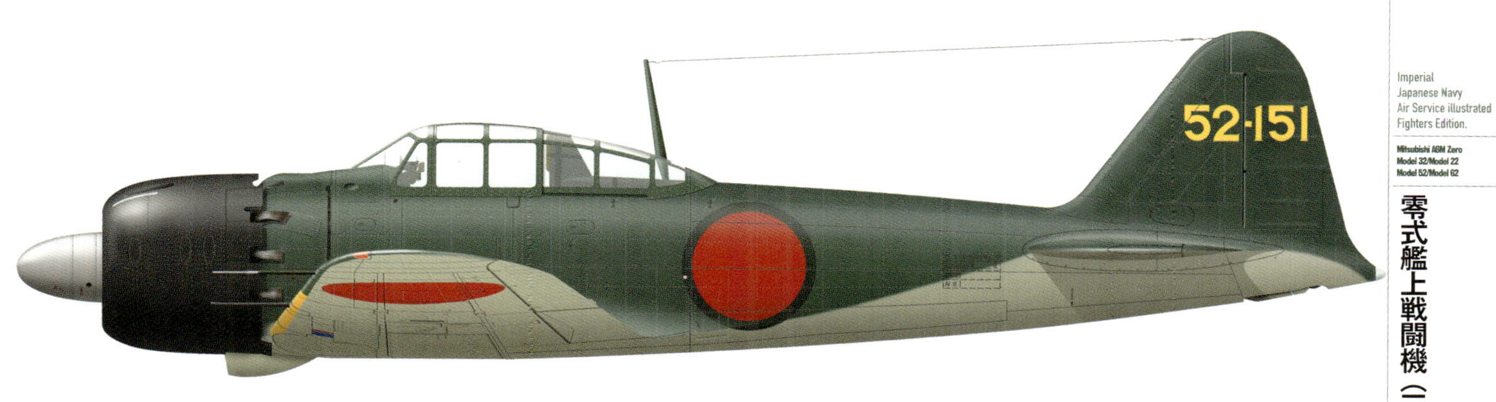

三菱（中島）A6M5 零式艦上戦闘機五二型
1944年5月 第252海軍航空隊

〔52-151〕は中島製五二型であり、1944年5月三沢飛行場で再建中の252空の写真をもとに作図。写真から当時の252空は零戦五二型と二一型の混成であることがわかる。翌6月にはマリアナ諸島をめぐる戦闘に投入されることになる。三菱製五二型と異なり中島製五二型の上面色は水平尾翼の位置まで切れ上がっている

三菱（中島）A6M5 零式艦上戦闘機五二型
1944年6月 第261海軍航空隊

〔61-120〕は製造番号5357である中島製五二型で1944年6月、米軍がサイパン島アスリート飛行場を占領した際に捕獲した零戦の内の1機である。本機には基地航空隊機としては珍しくクルシー無線帰投方位測定器を搭載している。本機は現在でも飛行可能な五二型として、日本へも里帰りをしたことがある

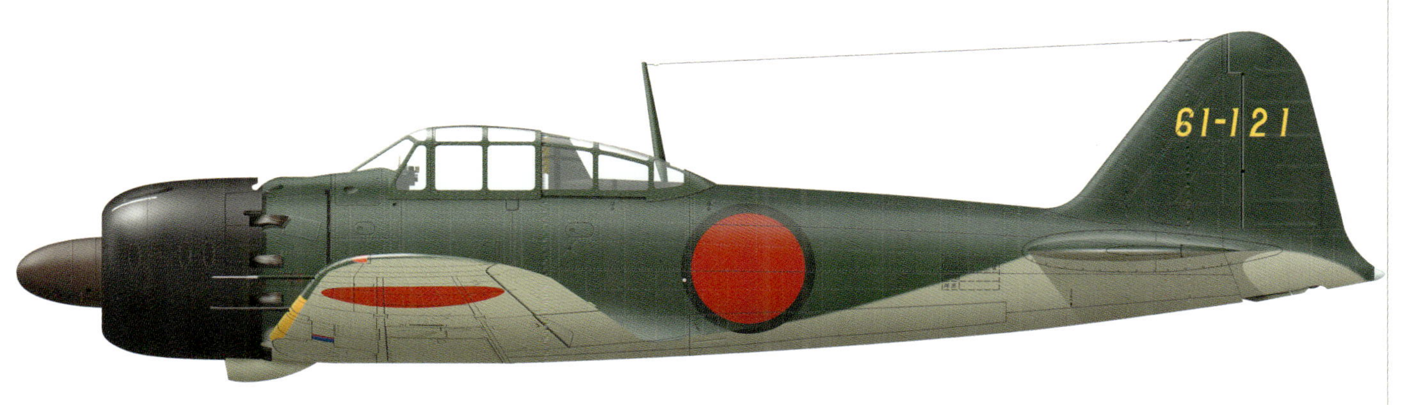

三菱（中島）A6M5 零式艦上戦闘機五二型
1944年6月 第261海軍航空隊

〔61-121〕は製造番号1303である中島製五二型で、〔61-120〕と同様1944年6月、サイパン島アスリート飛行場で米軍の手に落ちた。中島製の零戦の標準的な塗装を施されている。胴体の日の丸の白フチは、黒などの濃い色で消されている。機体は現在でもアメリカに存在している

三菱（中島）A6M5 零式艦上戦闘機五二型
1944年6月 第261海軍航空隊

〔61-131〕は中島製五二型で〔61-121〕などと同様1944年6月アスリート飛行場で米軍に捕獲された機体で鮮明な写真があり、それをもとに作図。261空の識別符号の文字は独特のもので、イタリック体のようにやや斜めに描かれている。261空は1944年2月千葉県香取飛行場から二一型、二二型との混成部隊でサイパン島に進出した

三菱（中島）A6M5 零式艦上戦闘機五二型
1944年6月 第265海軍航空隊 尾崎光康上等飛行兵曹機

〔8-13〕は中島製五二型で第265海軍航空隊の所属機。アスリート飛行場で損傷を受けた状態で米軍に発見され、その写真をもとに作図。胴体には幅広の白色帯が描かれており、製造番号などのデータ部分は除かれている。垂直尾翼の機番号と、方向舵に描かれた下士官を表す山形マークに「尾」の字から尾崎光康上飛曹が搭乗していたことがわかる

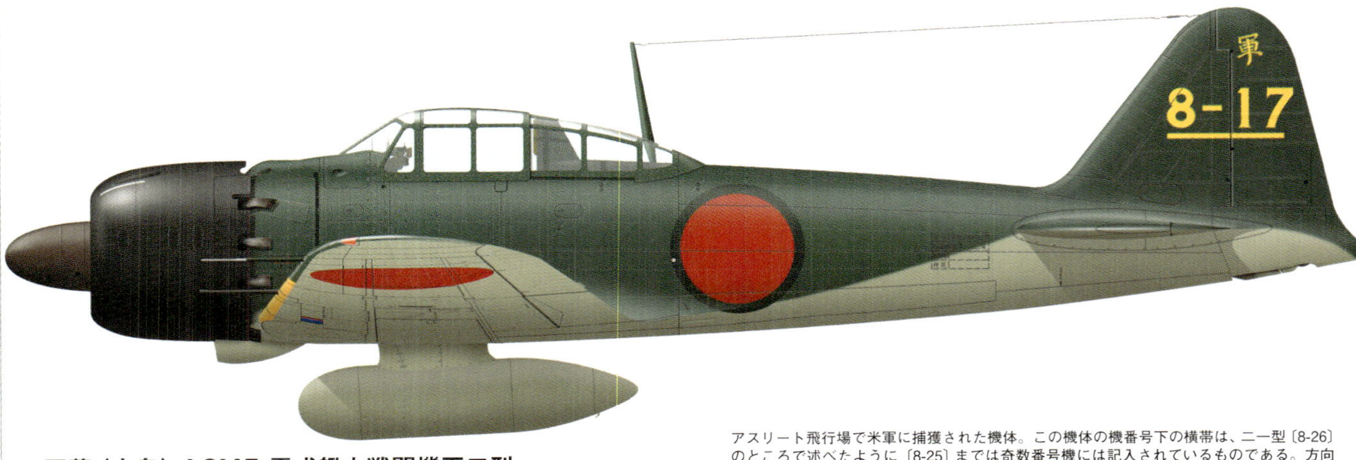

三菱（中島）A6M5 零式艦上戦闘機五二型
1944年6月 第265海軍航空隊 河内軍次二等飛行兵曹機

アスリート飛行場で米軍に捕獲された機体。この機体の機番号下の横帯は、二一型〔8-26〕のところで述べたように〔8-25〕までは奇数番号機には記入されているものである。方向舵に描かれている「軍」の文字は搭乗員である河合軍次二飛曹を示しているとされている。主翼上面と胴体の日の丸白縁は黒など暗い色で消されている

三菱（中島）A6M5 零式艦上戦闘機五二型
1944年6月 第265海軍航空隊 森藤伸樹一等飛行兵曹機

〔8-34〕は中島製五二型で米軍に捕獲された機体。265空では〔8-26〕以降の偶数の機体には数字の下に横帯が描かれており、小隊長を示すものではないと考えられる。方向舵に記入されている「森」という文字から森藤一飛曹が搭乗していたことがわかる。写真を見ると上面色に濃淡があるように見えるが、これは米軍が部分的に埃を取り除いたためと考えられる

三菱（中島）A6M5 零式艦上戦闘機五二型
1944年6月 第601海軍航空隊 航空母艦「大鳳」搭載機

〔301-12〕は第3艦隊直属の第601海軍航空隊の所属機で、空母大鳳の搭載機であることを示している。601空は1944年2月、第1航空戦隊の空母「大鳳」、「瑞鶴」、「翔鶴」の搭載機の航空戦隊として編成された。3隻の空母に対して、零戦81機、彗星81機、天山54機、二式艦偵9機を定数としていた

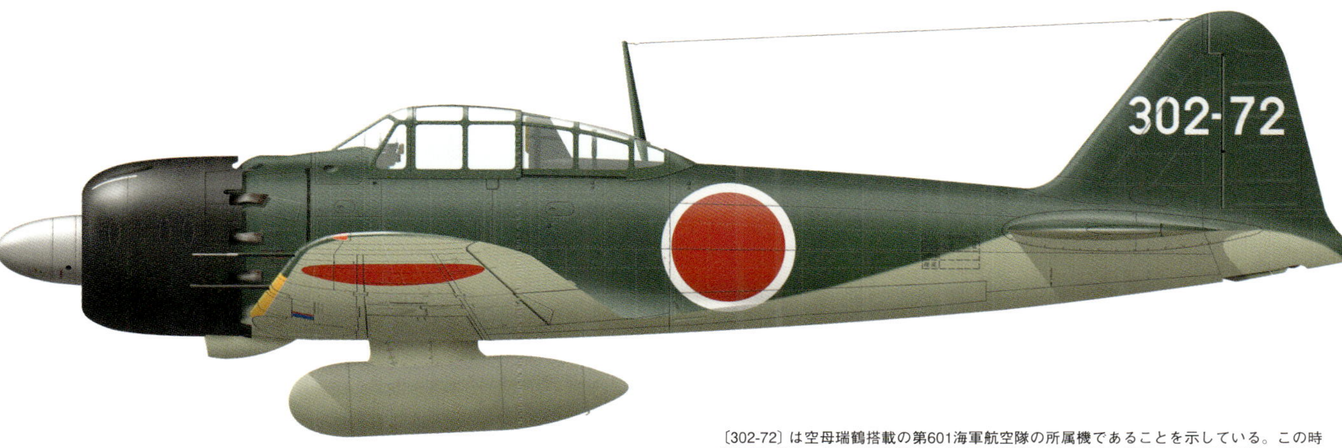

三菱（中島）A6M5 零式艦上戦闘機五二型
1944年6月 第601海軍航空隊 航空母艦「瑞鶴」搭載機

〔302-72〕は空母瑞鶴搭載の第601海軍航空隊の所属機であることを示している。この時期の601機はマリアナ沖海戦により空母が沈没するなどの事故のため、写真が残っておらず、資料をもとに推定で中島製五二型として作図

三菱（中島）A6M5 零式艦上戦闘機五二型
1944年6月 第601海軍航空隊 航空母艦「翔鶴」搭載機

〔303-97〕は空母翔鶴搭載の第601海軍航空隊の所属機であることを示している。写真を見ることができなかったので、資料をもとに推定で中島製五二型として作図。1944年5月、タウイタウイに停泊中の空母大鳳の写真に写っている艦上機を見ると胴体の日の丸には、白フチがあるように見えるので、本図では白フチを残した

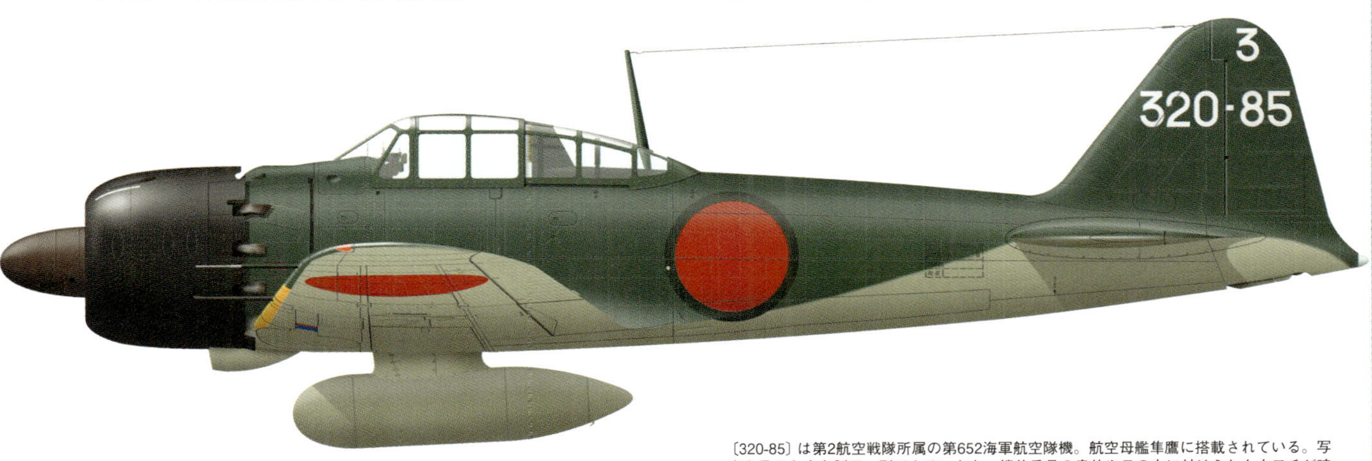

三菱（中島）A6M5 零式艦上戦闘機五二型
1944年6月 第652海軍航空隊 航空母艦「隼鷹」搭載機

〔320-85〕は第2航空戦隊所属の第652海軍航空隊機。航空母艦隼鷹に搭載されている。写真を見ると中島製五二型であることと、機体番号の書体や日の丸に付けられた白フチが暗い色で消されていることがわかる。従来、隼鷹機は「321-」、飛鷹機は「322-」、龍鳳機は「323-」と考えられていたが、この写真によりさらに研究が必要と考えられる

三菱（中島）A6M5 零式艦上戦闘機五二型
1944年6月 第653海軍航空隊 航空母艦「千代田」搭載機

〔332-81〕は第3航空戦隊に所属する第653海軍航空隊機。航空母艦千代田に搭載されている。記入規定を参考に作図。機体番号の字体はマリアナ海戦後の653空機をもとにしている。第3航空戦隊の場合、千歳機「331-」、千代田機「332-」、瑞鳳機「333-」とされていた。本図は中島製五二型として作図

三菱（中島）A6M5 零式艦上戦闘機五二型
1945年2月 第131海軍航空隊 長浜幸太郎一等飛行兵曹機

〔131-121〕は第131海軍航空隊の所属機。1945年2月16日に実施された敵機動部隊艦載機邀撃時に長浜一飛曹が搭乗したとされている。131空はその番号が示すように、本来は偵察機・夜間戦闘機の部隊であるが、後に固有の艦戦、艦爆、艦攻隊が付属された。この機体は固有の艦戦隊の機体である

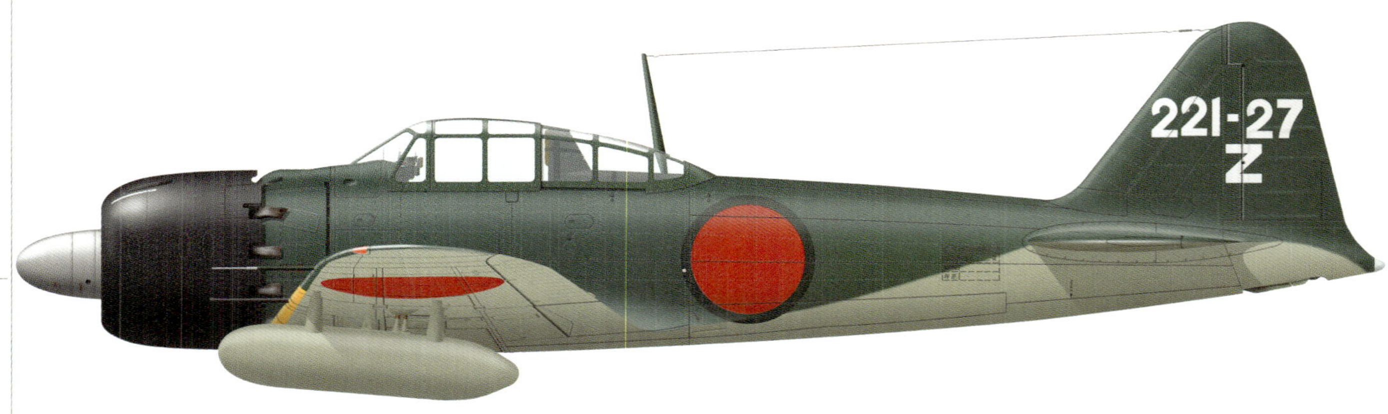

三菱（中島）A6M5b 零式艦上戦闘機五二乙型
1944年9月から10月 第221海軍航空隊 戦闘第313飛行隊

機体番号の末尾Zは戦闘第313飛行隊に所属していることを示している。1944年9月末から10月頃、国内での訓練中の写真をもとに作図。この機体には主翼下に統一二型増槽を吊り下げられているので五二型乙とする説もあるが、主翼の20mm機銃には付根のカバーがないため、爆撃任務にも使用することを考慮して改造された中島製五二型と考えた

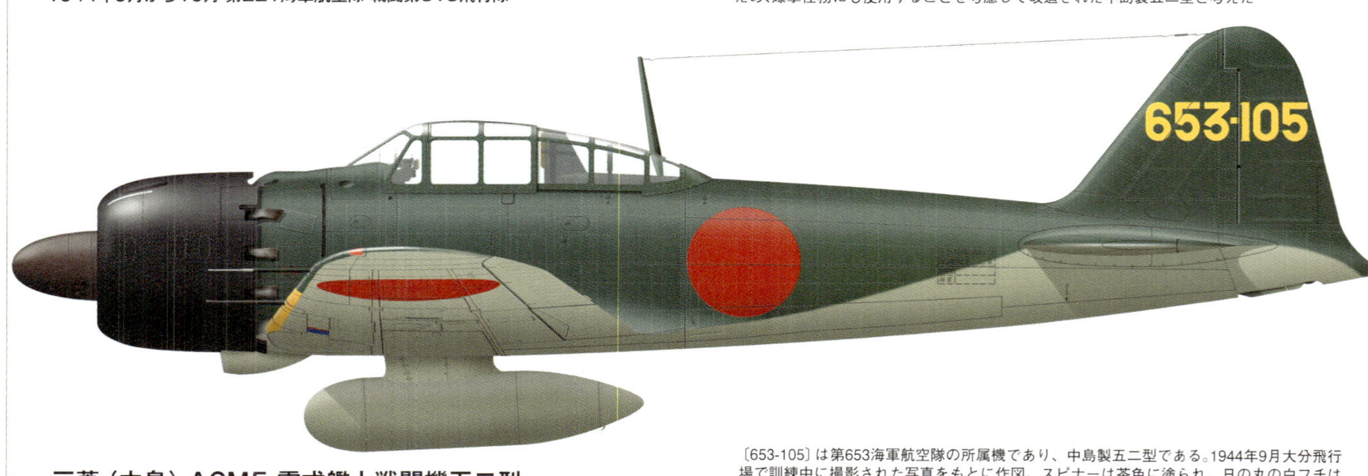

三菱（中島）A6M5 零式艦上戦闘機五二型
1944年9月第653海軍航空隊

〔653-105〕は第653海軍航空隊の所属機であり、中島製五二型である。1944年9月大分飛行場で訓練中に撮影された写真をもとに作図。スピナーは茶色に塗られ、日の丸の白フチは〔653-111〕と同様に丁寧に消されている。〔653-111〕に描かれているような方向舵上の四角いマーキングは確認できなかった

三菱（中島）A6M5 零式艦上戦闘機五二型
1944年9月第653海軍航空隊 藤井四方夫一等飛行兵曹機

〔653-111〕は第653海軍航空隊の所属機で藤井一飛曹の搭乗機とされている。この機体は1944年大分飛行場で訓練中の写真をもとに作図。中島製五二型で胴体の日の丸の白フチは丁寧に消されているので、もともとなかったようにも見える。方向舵の上部には四角いマーキングがあり、日の丸の赤と同じ色のように見える

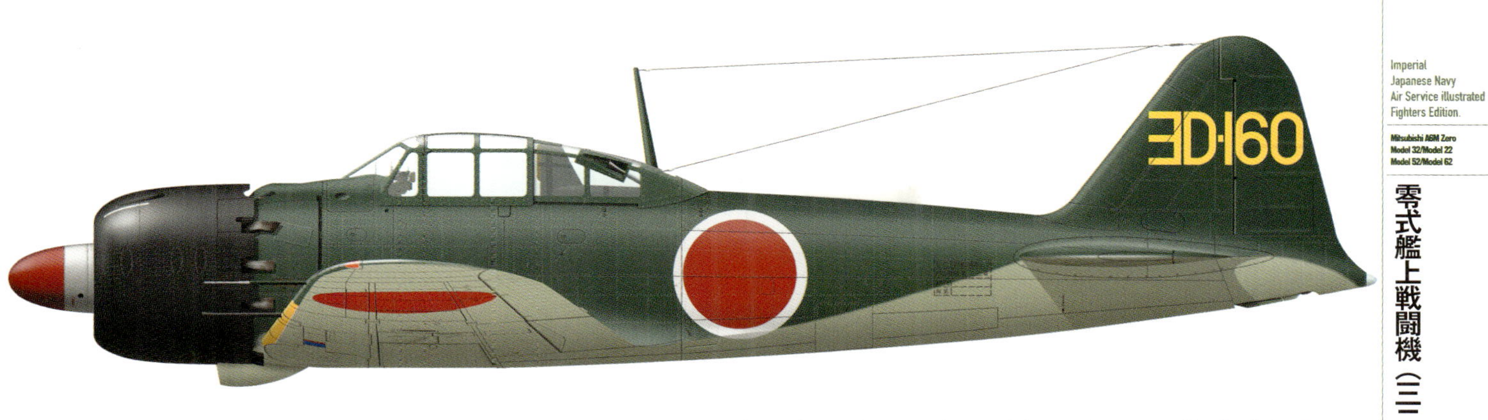

三菱A6M5 零式艦上戦闘機五二型
1944年12月第302海軍航空隊

〔ヨD-160〕は中島製五二型で第302海軍航空隊所属機である。大型機迎撃に有効と思われる斜め銃を操縦席後部に取り付けている。この改造は大分の第12航空廠で実施され、風防だけでなく、胴体後部の構造も弾丸装填や機銃点検のための開口部を含めて大きく変更されている。スピナーは当時の302空機に多く見られる前方が赤色として作図

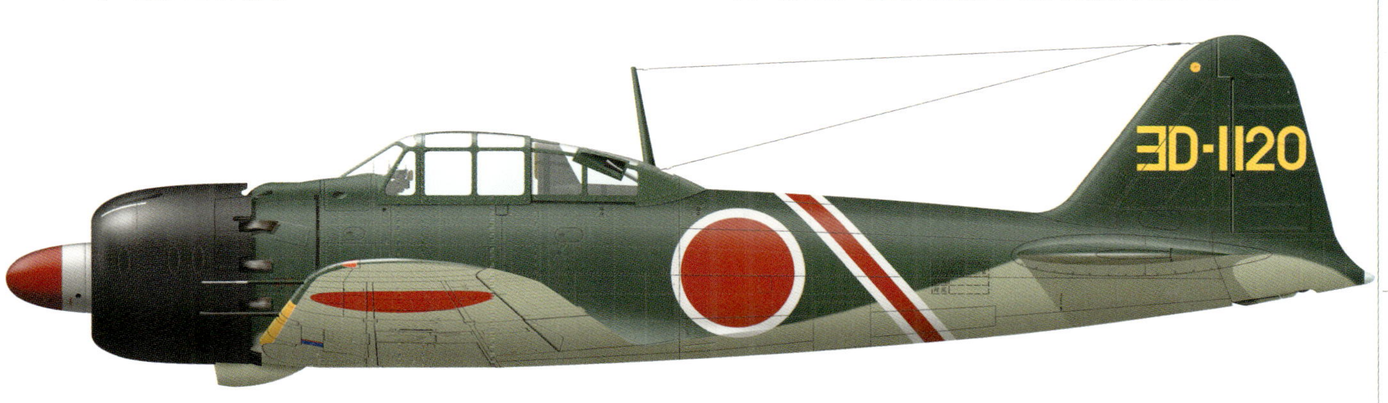

三菱（中島）A6M5 零式艦上戦闘機五二型
1944年12月第302海軍航空隊

〔ヨD-1120〕は中島製五二型で第302海軍航空隊所属機である。この機体も、斜め銃の装備機として、幾つかの資料で紹介しているが写真を確認することはできなかった。しかし同時期に、302空の胴体に白色フチ付の赤色斜め帯がある機体が存在するので、その写真をもとに作図

三菱（中島）A6M5 零式艦上戦闘機五二型
1944年9月第332海軍航空隊

〔32-89〕は関西・中国地区の防空を担当する第332海軍航空隊の所属機である。岩国飛行場で撮影された写真をもとに作図。機体は中島製五二型で、九州や鳴尾、伊丹（いずれも兵庫県）の両飛行場を基地にして防空任務に従事していた。特に鳴尾は紫電改を製造している川西航空機鳴尾工場隣接地にあり、重要地点のため終戦時までそこを基地にしていた

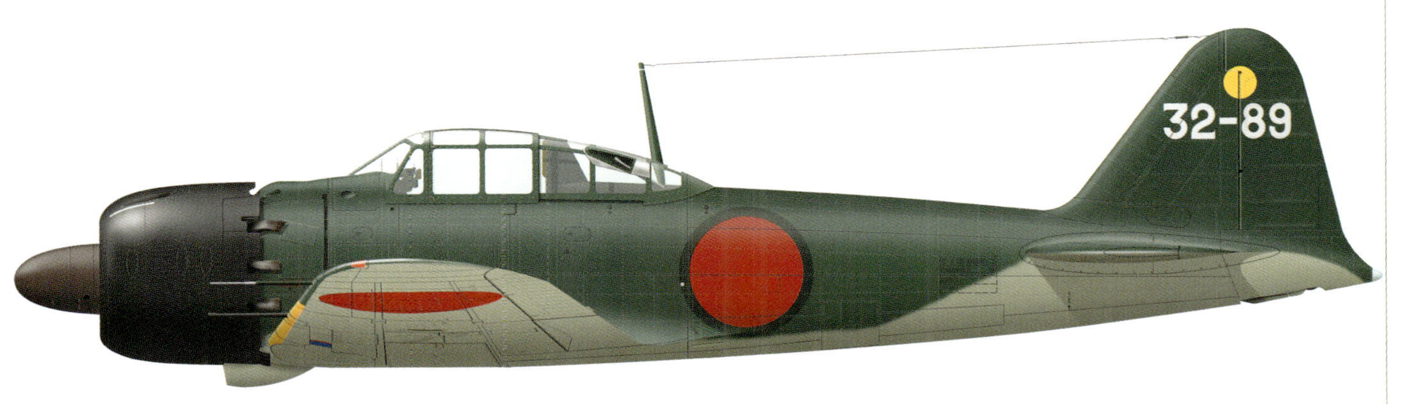

三菱（中島）A6M5 零式艦上戦闘機五二型
1944年末　第332海軍航空隊

〔32-89〕は昼間戦闘機材の黄色〔32-89〕とは別の夜戦用機材。302空の斜め銃装備機と同じく操縦席後部にキャノピーを貫通して九九式20mm機銃が装備されているが、その装備方法は302空のものとは異なっている部分がある。白色の機番記号の上にある黄色い丸は満月を意味しているとされ、夜間戦闘機材の印と考えられる。日の丸の白フチは暗い色で消されている

三菱（中島）A6M5 零式艦上戦闘機五二型
1945年3月 第352海軍航空隊

〔352-112〕は中島製五二型と思われる機体で、1945年3月に撮影された写真をもとに作図。五二型として描いているが写真が不鮮明なため正確には不明。しかし時期的には本機が五二型丙である可能性も考えられる。写真に写っている7機すべてに何らかの標識が描かれていることから、標識が隊長機を示すものとは思いにくい。機体番号は少し前に傾いている

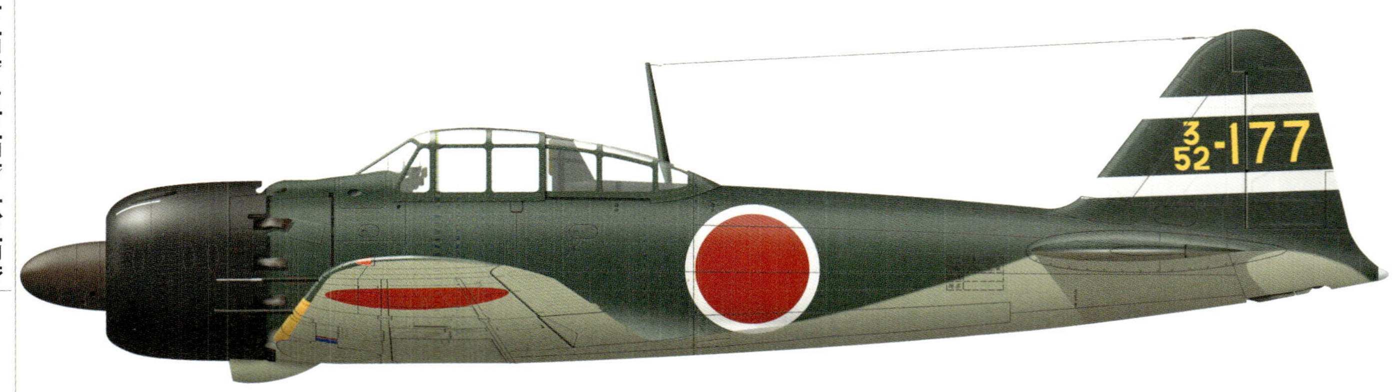

三菱（中島）A6M5 零式艦上戦闘機五二型
1945年3月 第352海軍航空隊

〔352-177〕は中島製五二型と思われる機体。〔352-112〕機と同じ写真に写っている機体なので、時期的には五二型丙の可能性もある。この機体も機番記号標記が水平に比べてやや前方向に傾いている。〔352-117〕の日の丸の白フチは暗い色で消されているように見えるが、〔352-177〕の場合は消されていない

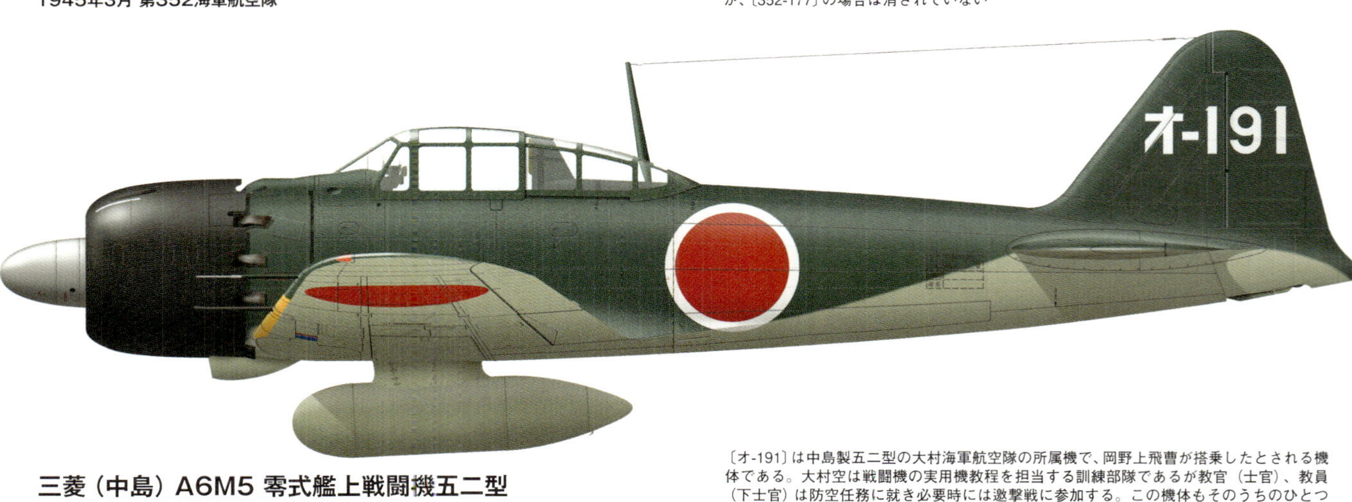

三菱（中島）A6M5 零式艦上戦闘機五二型
1944年末 大村海軍航空隊 岡野博上等飛行兵曹機

〔オ-191〕は中島製五二型の大村海軍航空隊の所属機で、岡野上飛曹が搭乗したとされる機体である。大村空は戦闘機の実用機教程を担当する訓練部隊であるが教官（士官）、教員（下士官）は防空任務に就き必要時には邀撃戦に参加する。この機体もそのうちのひとつである。中島製の零戦の標準的な塗装が施されている

三菱（中島）A6M5 零式艦上戦闘機五二型
1944年末 第210海軍航空隊

〔210-105〕は中島製五二型で第210海軍航空隊の所属機である。210空は各種実用を保有し、錬成と実戦を並行して実施する部隊で愛知県明治飛行場を基地としていた。この機体には中島製零戦の標準的な塗装が施され、尾翼には黄色の細い字体で〔210-105〕が描かれている

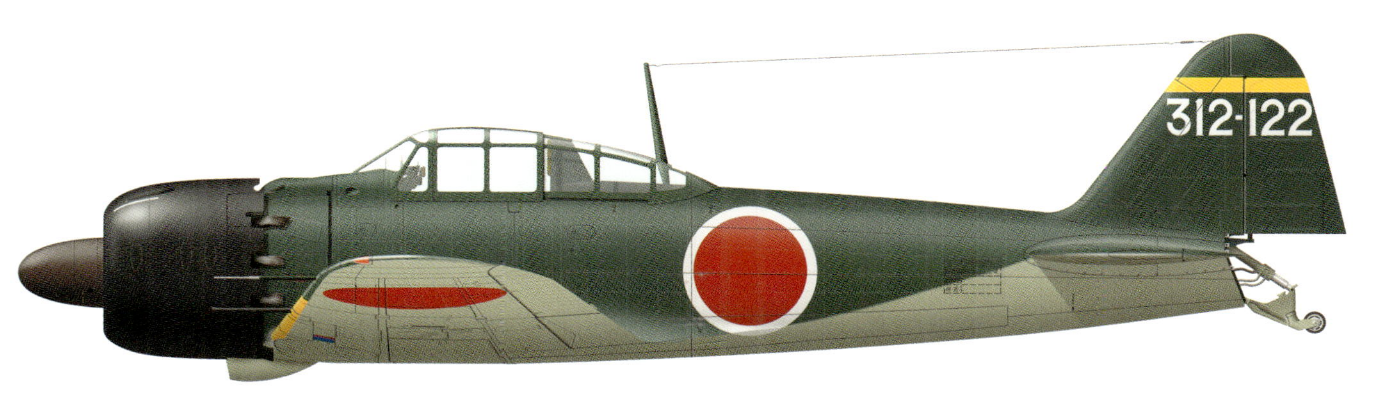

三菱（中島）A6M5 零式艦上戦闘機五二型
1945年4月 第312海軍航空隊

〔312-122〕は中島製五二型で第312海軍航空隊の所属機。312空は1945年2月に編成されたロケット迎撃機「秋水」を装備予定の部隊であり、本機は搭乗員訓練の目的で横須賀航空隊から。垂直尾翼上部の黄色帯は横須賀空時代の名残である。訓練時の便を考え練習航空隊の零戦のように、尾部部品を取り外している

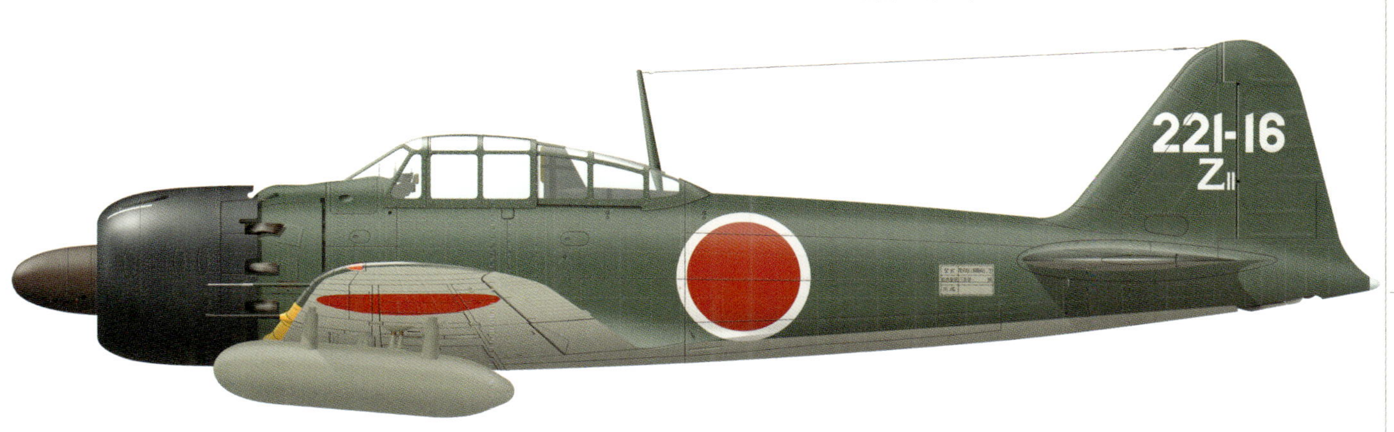

三菱 A6M5a 零式艦上戦闘機五二型甲
1944年9月末から10月 第221海軍航空隊 戦闘第312飛行隊

1944年10月頃に訓練中の笠野原で撮影された写真をもとに作図。写真を見ると主翼の20㎜機銃取付部に台形カバーがあるので、五二型甲か乙と考えられるが、操縦席に防弾ガラスや13㎜機銃の後部が見えないことから五二型甲と想定。塗装は三菱製の五二型甲を示している。この機体も、増槽を両翼下に装備しているため、戦闘機爆撃任務の機体と考えられる

三菱 A6M5a 零式艦上戦闘機五二型甲
1944年9月末から10月 第221海軍航空隊 戦闘第308飛行隊

〔221-26D〕は第221海軍航空隊の所属機で、フィリピンルソン島クラーク飛行場に遺棄されていた。米軍が本機を撮影した写真をもとに作図。主翼の20㎜機銃取付部の台形カバーから五二型甲か乙と考えられるが、風防に防弾ガラス関連の部品が無いので五二型甲とした。この機体は三菱製であるが、尾部は中島製の部品に交換されているのが興味深い

三菱 A6M5a 零式艦上戦闘機五二型甲
1944年6月 第343海軍航空隊

〔43-188〕は三菱製五二型甲で第343海軍航空隊（初代）に所属する機体である。マリアナ諸島をめぐる戦闘で損傷し、ジャングル内に遺棄された。製造番号は三菱「4685」である。現在は復元され航空自衛隊浜松基地で展示されており、その展示機体を参考に作図

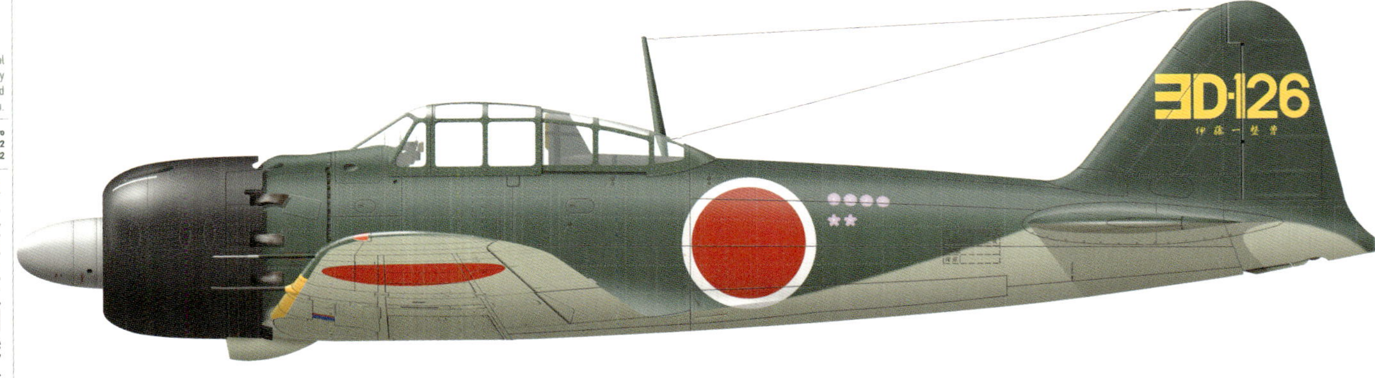

三菱 A6M5a 零式艦上戦闘機五二型甲

945年2月 第302海軍航空隊 第1飛行隊 赤松貞明少尉機

〔ヨD-126〕は中島製五二型甲とされる機体で、第302海軍航空隊の赤松少尉の搭乗機である。機体には6個の撃墜破マークが描かれており、上段の4個の八重桜は1945年2月17日の撃墜、下段の2個の一重桜は2月16日の撃破を示している。機番記号の下に描かれている氏名は整備担当者を示す

三菱 A6M5b 零式艦上戦闘機五二型乙

945年2月 第601海軍航空隊

〔601-01〕は、第601海軍航空隊の所属機で1945年2月頃に撮影された写真をもとに作図。三菱製の五二型で操縦席内に13㎜機銃の後部が見えることから乙か丙であると考えられるが、三菱製の丙は、写真で見ることがほぼないので、乙とした。尾翼の601-01は暗い色なので、黄色で描かれていると考える。日の丸の白フチは暗い色で消されている

三菱 A6M5b 零式艦上戦闘機五二型乙

1944年9月 第653海軍航空隊

〔653-06〕は第653海軍航空隊の所属機で、1944年9月に大分飛行場での訓練中に撮影された写真をもとに作図。機体は三菱製の五二型乙で三菱製機の標準的な塗装が施されている。日の丸は白フチ付でスピナーは茶色に塗られている

三菱 A6M5b 零式艦上戦闘機五二型乙

1944年9月 第653海軍航空隊

〔653-28〕は第653海軍航空隊の所属機で、1944年9月に大分基地で訓練中に撮影された写真をもとに作図。写真から操縦席内の13㎜機銃をはっきりと見ることができる。〔653-06〕と異なり、スピナーは銀色である。五二型〔653-111〕とは異なり、日の丸の白フチは残されている

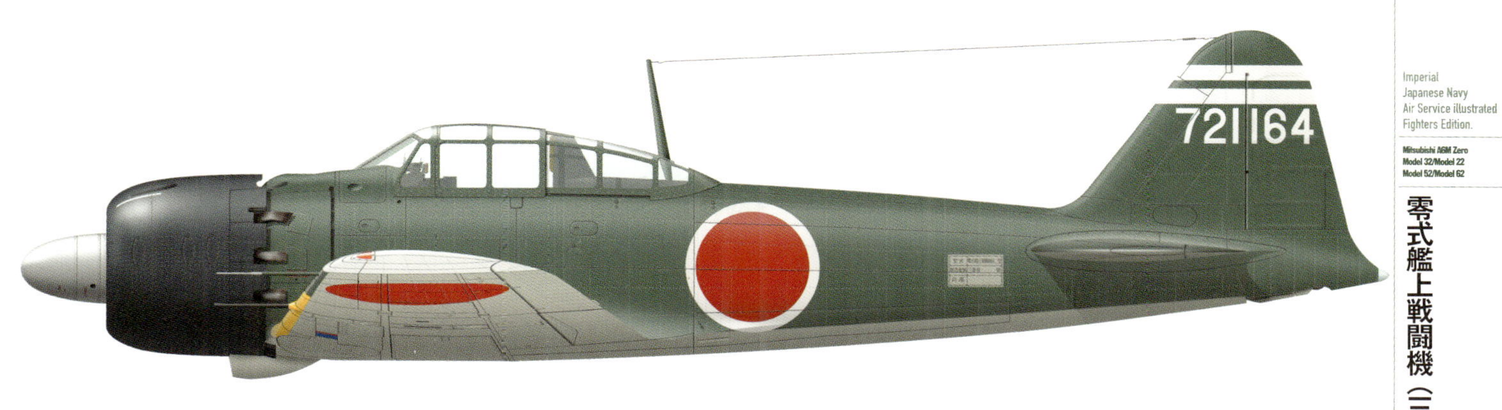

三菱 A6M5b 零式艦上戦闘機五二型乙
945年2月 第721海軍航空隊

〔721-164〕は第721海軍航空隊の所属機で、1945年2月に宮崎飛行場で撮影された写真をもとに作図。721空の機体は垂直尾翼に斜めの帯が描かれているが、この機体では水平な2本の帯が描かれている。主翼の翼端部分は写真では確認できないが、721空の他の機体と同様に白と考えて描いた

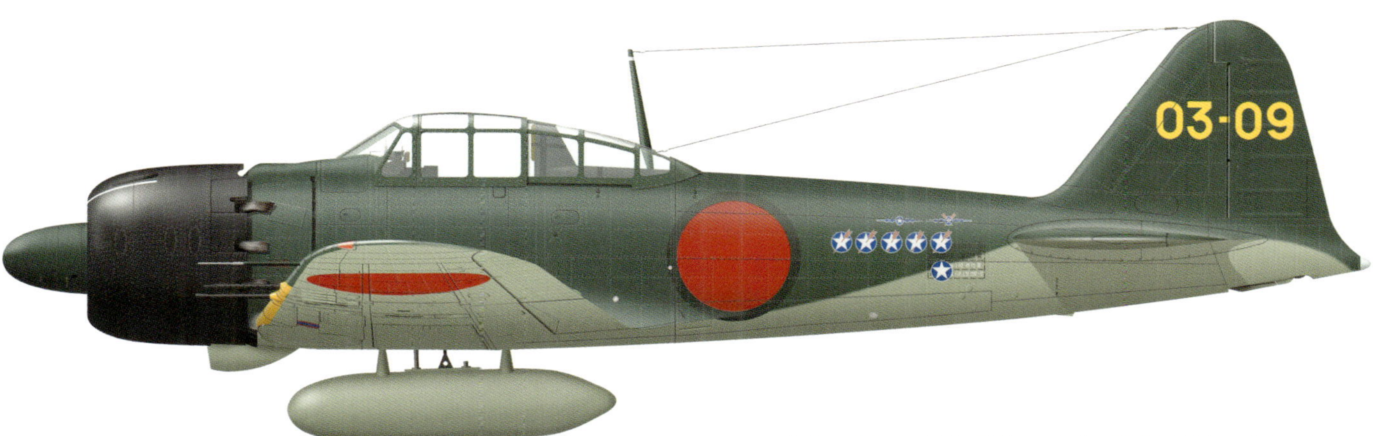

三菱（中島）A6M5c 零式艦上戦闘機五二型丙
1945年6月 第203海軍航空隊 戦闘第303飛行隊 谷水竹雄上等飛行兵曹機

〔03-09〕は第203海軍航空隊の谷水上飛曹機で、1945年6月鹿児島で撮影された写真をもとに作図。機体には203空在籍時に記録した6機の撃墜破マークが描かれている。機体は製造番号322374の中島製五二型丙で、谷水氏の対談記事からスピナーは上面色、下面色は明るい緑系統の色らしいことが伺える。写真からは被弾箇所の修理状況も確認できる

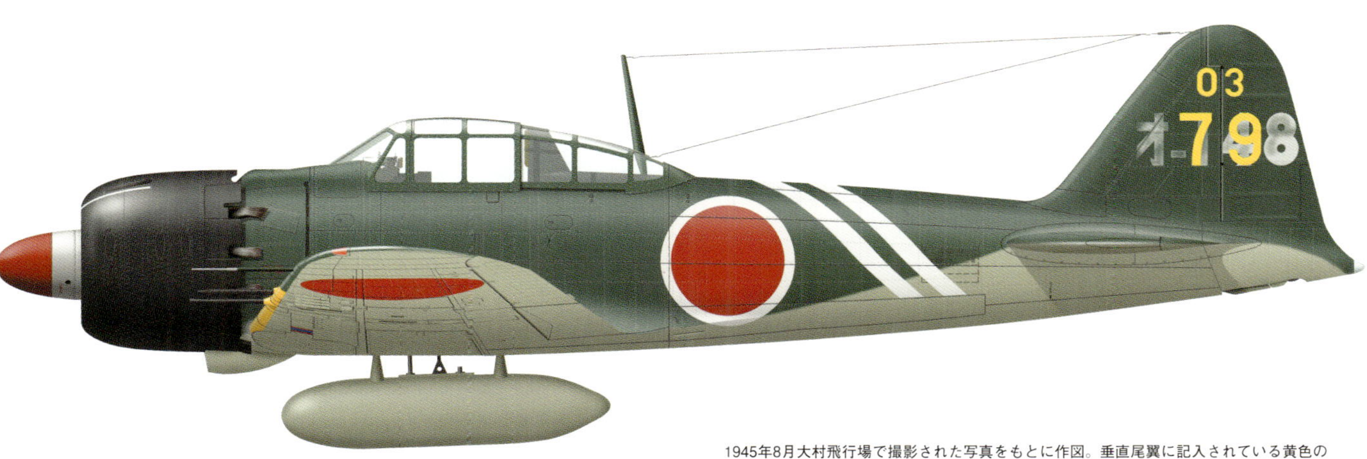

三菱（中島）A6M5c 零式艦上戦闘機五二型丙
1945年8月 第203海軍航空隊

1945年8月大村飛行場で撮影された写真をもとに作図。垂直尾翼に記入されている黄色の〔03-79〕の下に白色で〔オ-148〕と記入された跡があり、以前は大村空の機体だったと考えられる。スピナーは302空などでも適用されている前半分が赤色、後ろ半分が銀色となっている。胴体の2本の斜め白色帯は胴体の下部には描かれていない

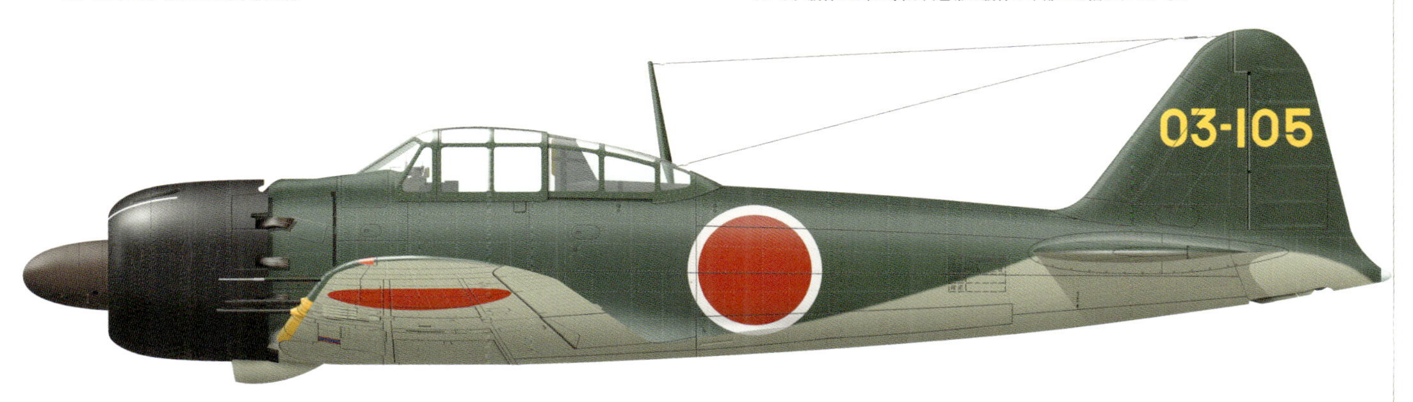

三菱（中島）A6M5c 零式艦上戦闘機五二型丙
1945年初頭 第203海軍航空隊 戦闘第312飛行隊

〔03-105〕は第203海軍航空隊の所属機で、1945年初頭に整備中に撮影された写真をもとに作図。スピナーは茶色と思われる色で塗装されている。擬装が施されているが、垂直尾翼に黄色で記入されている03-105の文字ははっきりとしている

三菱（中島）A6M5c 零式艦上戦闘機五二型丙
1945年初頭 第203海軍航空隊 戦闘第303飛行隊

〔3-64〕は第203海軍航空隊 戦闘第303飛行隊所属機で、1945年初頭笠之原で撮影された集合写真の背景になっている機体。フィリピンからの撤退後、再建中であるため、五二型丙と考えて描いた。戦闘303飛行隊の部隊記号は203空の03ではなく3としている

三菱（中島）A6M5c 零式艦上戦闘機五二型丙
1945年初頭 第203海軍航空隊 戦闘第303飛行隊

〔3-71〕は〔3-64〕と同じく第203海軍航空隊戦闘第303飛行隊所属機で、中島製五二型丙として作図。戦闘303飛行隊の機体番号の文字サイズが他の隊に比べて小型なのは、203空では隷下の各飛行隊を区別する際に、アルファベットを付けたりするのではなく、文字のサイズによったためと考えられる

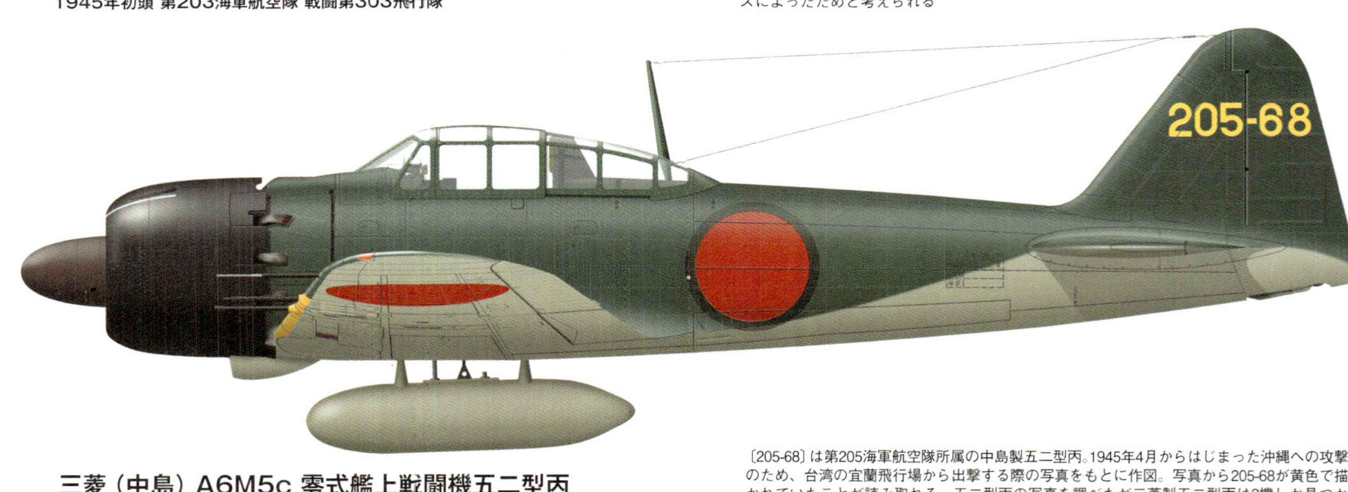

三菱（中島）A6M5c 零式艦上戦闘機五二型丙
1945年4月から6月ごろ 第205海軍航空隊

〔205-68〕は第205海軍航空隊所属の中島製五二型丙。1945年4月からはじまった沖縄への攻撃のため、台湾の宜蘭飛行場から出撃する際の写真をもとに作図。写真から205-68が黄色で描かれていたことが読み取れる。五二型丙の写真を調べたが三菱製五二型丙は2機しか見つからずほとんどが中島製であった。三菱での五二型丙の生産は少量であったと考えられる

三菱（中島）A6M5c 零式艦上戦闘機五二型丙
1945年6月ごろ 第252海軍航空隊 戦闘第304飛行隊

〔252-11〕は第252海軍航空隊戦闘第304飛行隊所属機で、中島製五二型丙である。1945年6月ごろ郡山基地で撮影された写真をもとに作図。図ではスピナーは茶色としたが、上面色で塗装されている可能性もある

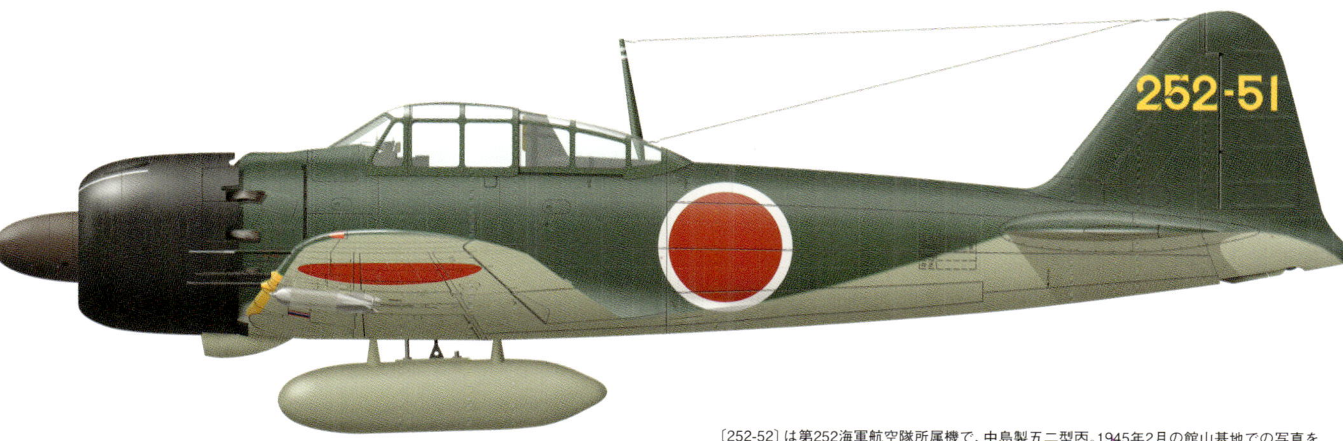

三菱（中島）A6M5c 零式艦上戦闘機五二型丙
1945年2月 第252海軍航空隊

〔252-52〕は第252海軍航空隊所属機で、中島製五二型丙。1945年2月の館山基地での写真をもとに作図。主翼下には大型機迎撃用の空対空爆弾が取り付けられている。爆弾には種類に応じて指定された塗装色があり、空対空爆弾は弾頭部に銀色が塗られている

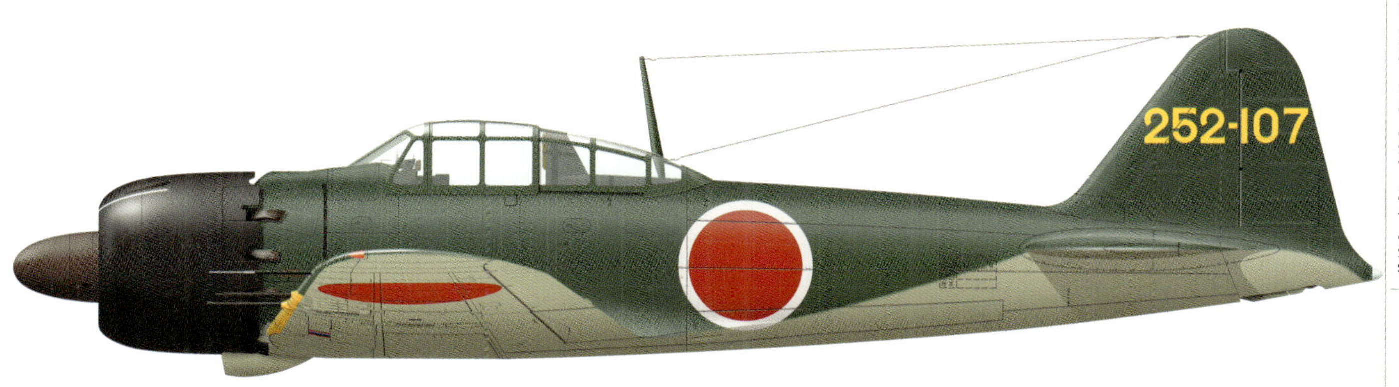

三菱（中島）A6M5c 零式艦上戦闘機五二型丙
1945年2月 第252海軍航空隊 戦闘第311飛行隊 田中民穂上等飛行兵曹機

〔252-107〕は第252海軍航空隊の行動調書に記載されていた機体番号から、1945年2月16日敵機動部隊の空襲時に田中民穂上飛曹が搭乗したと思われる機体。252空1945年2月には関東地区で4飛行隊を隷下に置いていたが、その後沖縄戦を経て、最終的には茂原と郡山に各1個飛行隊と兵力を減らしていた

三菱（中島）A6M5c 零式艦上戦闘機五二型丙
1945年8月 第252海軍航空隊 戦闘第304飛行隊 阿部三郎中尉機

〔252-166〕は第252海軍航空隊所属機で、終戦直後に撮影された写真をもとに作図。胴体後部のみの写真ではあるが、252空の他機の状態から中島製五二型丙と考えた。尾翼には斜めの白色帯があり士官クラスの搭乗員の機体を想定。機体の前に写っているのが阿部三郎中尉なので、彼の搭乗機と考えた

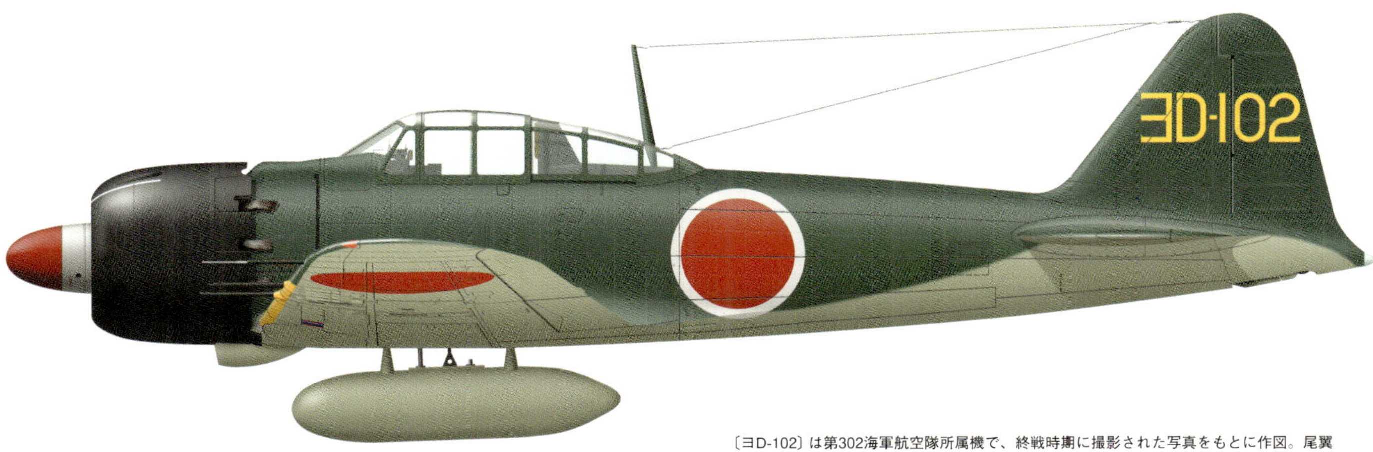

三菱（中島）A6M5c 零式艦上戦闘機五二型丙
1945年7月から8月 第302海軍航空隊

〔ヨD-102〕は第302海軍航空隊所属機で、終戦時期に撮影された写真をもとに作図。尾翼のヨD-102の文字は細い字体で記入されている。上面色との塗り分けも通常のもとは異なっているが、この塗装は一部の中島製五二型丙や六二型には見られることがある。この異例の塗装は尾部の内部構造の変化に関連しているとの説もある

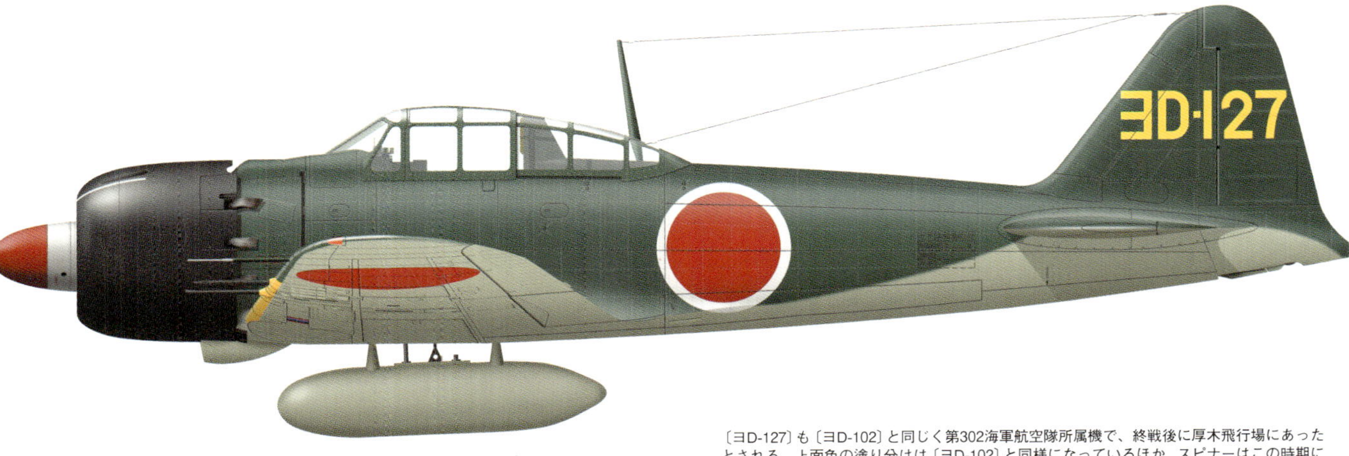

〔ヨD-127〕も〔ヨD-102〕と同じく第302海軍航空隊所属機で、終戦後に厚木飛行場にあったとされる。上面色の塗り分けは〔ヨD-102〕と同様になっているほか、スピナーはこの時期に見られる前方が赤色、後方は銀色でこれも〔ヨD-102〕と同様になっている。この時期には302空には本土決戦に備えて特攻用機材が準備されていたのではないかと考えられる

三菱（中島）A6M2c 零式艦上戦闘機五二型丙
1945年7月から8月 第302海軍航空隊

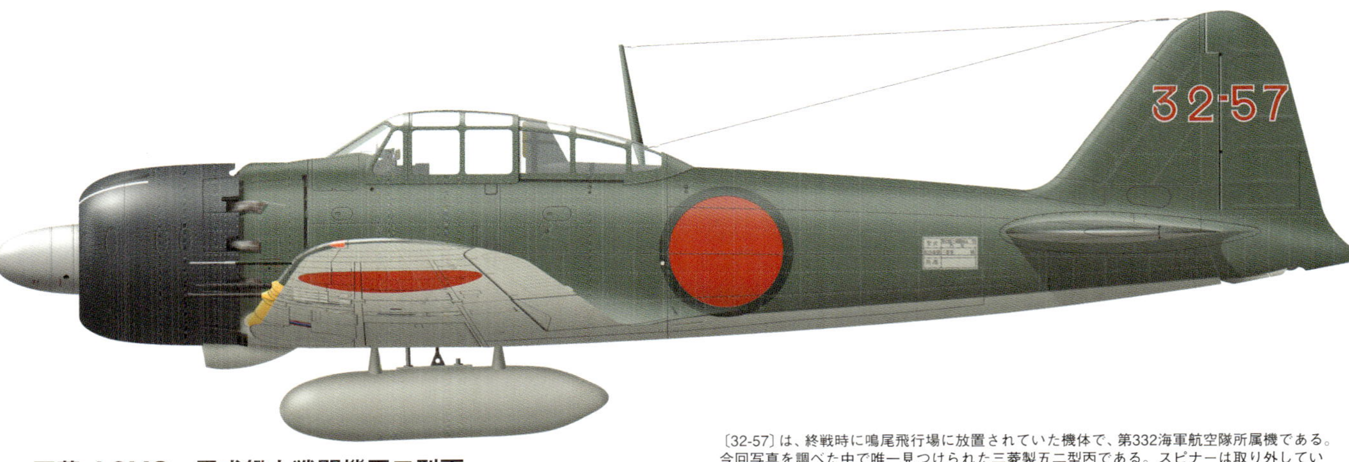

〔32-57〕は、終戦時に鳴尾飛行場に放置されていた機体で、第332海軍航空隊所属機である。今回写真を調べた中で唯一見つけられた三菱製五二型丙である。スピナーは取り外しているが、機体の横に置かれており銀色無塗装のようにみえるので、そのように作図したが前方赤色、後方が銀色の可能性もある

三菱 A6M2c 零式艦上戦闘機五二型丙
1945年8月 第332海軍航空隊

〔32-98〕は〔32-57〕の横に並んで鳴尾飛行場に放置されていた機体で、第332海軍航空隊所属機である。機体は中島製五二型丙で、スピナーは外されて機体の横に置かれており、それが暗い色であることから茶色に塗られていると想定。機番は白色とも、黄色とも異なる色調で白フチ付きのため赤色と考えた

三菱（中島）A6M2c 零式艦上戦闘機五二型丙
1945年8月 第332海軍航空隊

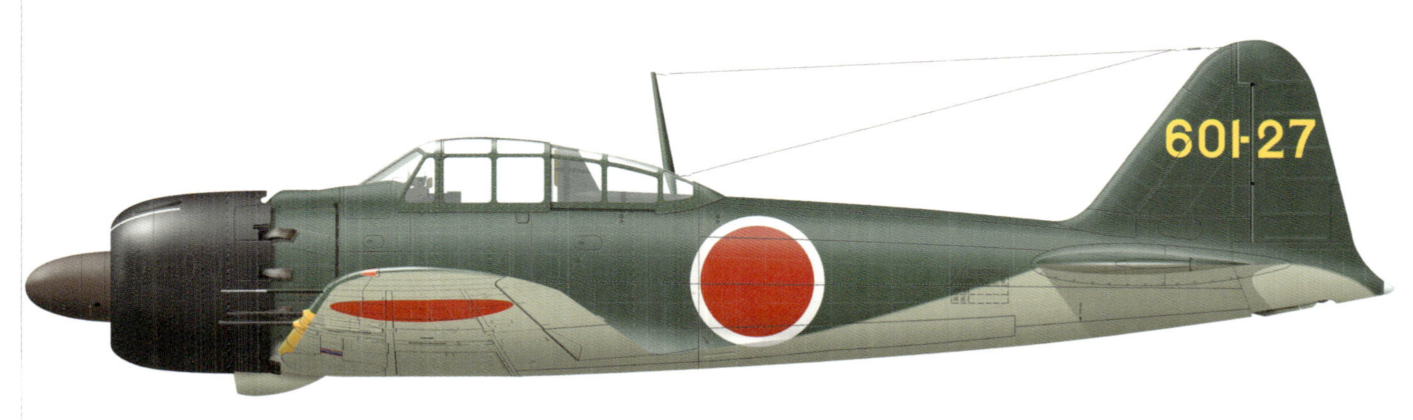

〔601-27〕は当時すでに基地航空隊になっていた第601海軍航空隊所属機。1945年1月に岩国飛行場で撮影された写真をもとに作図。主翼の機銃は写真から確認できなかったが、カウリングに描かれた13㎜機銃用の調整線や右舷胴体にある日の丸、胴体内部の燃料タンク用の明かり取り窓から五二型丙とした。主翼上には斜めの白色帯が描かれている

三菱（中島）A6M2c 零式艦上戦闘機五二型丙
1945年1月 第601海軍航空隊

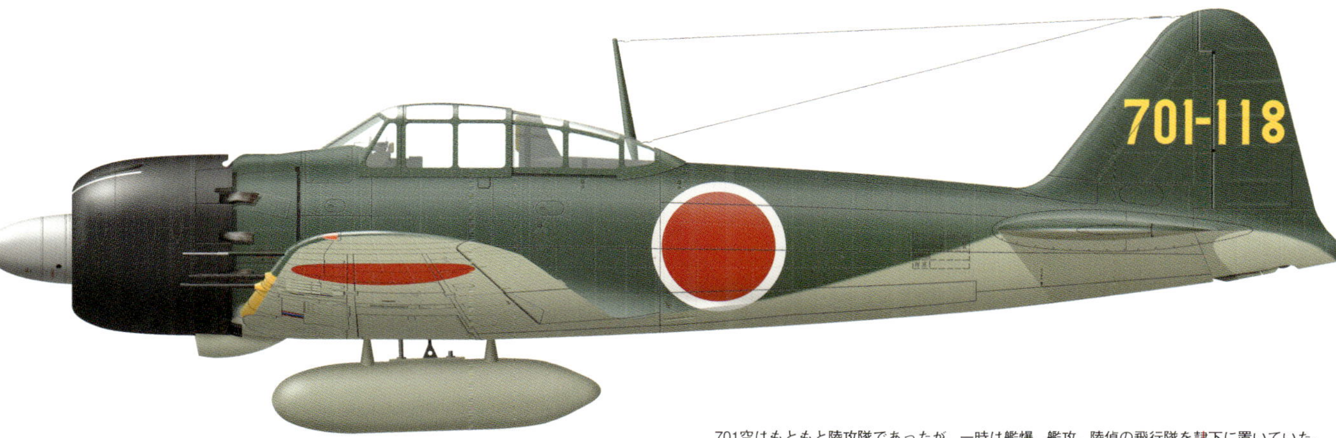

三菱(中島)A6M2c 零式艦上戦闘機五二型丙
1945年4月 第701海軍航空隊 戦闘第311飛行隊

701空はもともと陸攻隊であったが、一時は艦爆、艦攻、陸偵の飛行隊を隷下に置いていた。1945年4月には203空に属している戦闘311飛行隊を隷下に加えた。このため、それまでの〔03-1XX〕の機体番号を〔701-1XX〕と変更した。〔701-118〕は数字が6文字に増えたせいか、縦長の文字が描かれている。特に8の字は丸が二個縦につながっているような字体である

三菱(中島)A6M2c 零式艦上戦闘機五二型丙
1945年1月 第721海軍航空隊 戦闘第306 飛行隊

〔721-68〕は、桜花を運用する第721海軍航空隊所属の戦闘第306飛行隊属機。〔721-68〕は中島製五二型丙で、垂直尾翼にテーパーした白の帯が描かれている。写真では見えない部分もあり、戦闘306飛行隊の他の飛行機の写真も参考にした。主翼の13㎜機銃は重量軽減のため取り外されているとの資料もある

三菱(中島)A6M2c 零式艦上戦闘機五二型丙
1945年夏 横須賀海軍航空隊 坂井三郎中尉機

〔ヨ-137〕は横須賀海軍航空隊坂井三郎中尉の搭乗機とされる中島製五二型丙。坂井中尉は1945年夏、343空から横須賀海軍航空隊に移動した後、本機に搭乗したとされている。写真をみつけることができなかったが、資料をもとに作図。この時期の五二型丙によくある前方赤色、後方銀色のスピナーを取り付けている

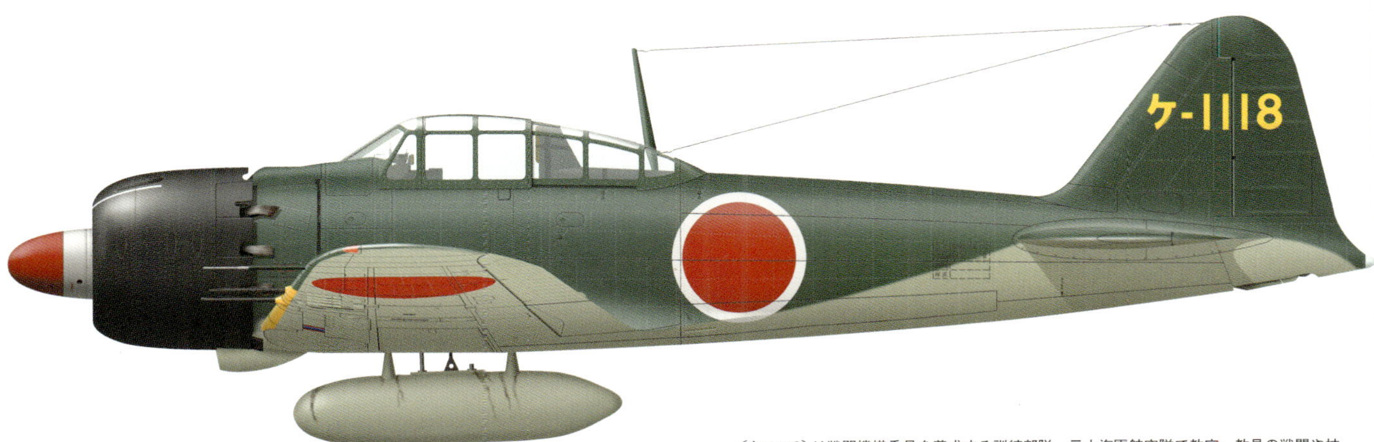

三菱(中島)A6M2c 零式艦上戦闘機五二型丙
1945年4月 元山海軍航空隊

〔ケ-1118〕は戦闘機搭乗員を養成する訓練部隊。元山海軍航空隊で教官、教員の戦闘や技量維持用に使用された中島製五二型丙である。1945年4月5日特攻機の進路啓開任務に向け出発する写真をもとに作図。スピナーは前赤色、後方銀色で黄色で垂直尾翼に機番〔ケ-1118〕を記入している。訓練部隊の機体のため日の丸の白フチはそのまま残されている

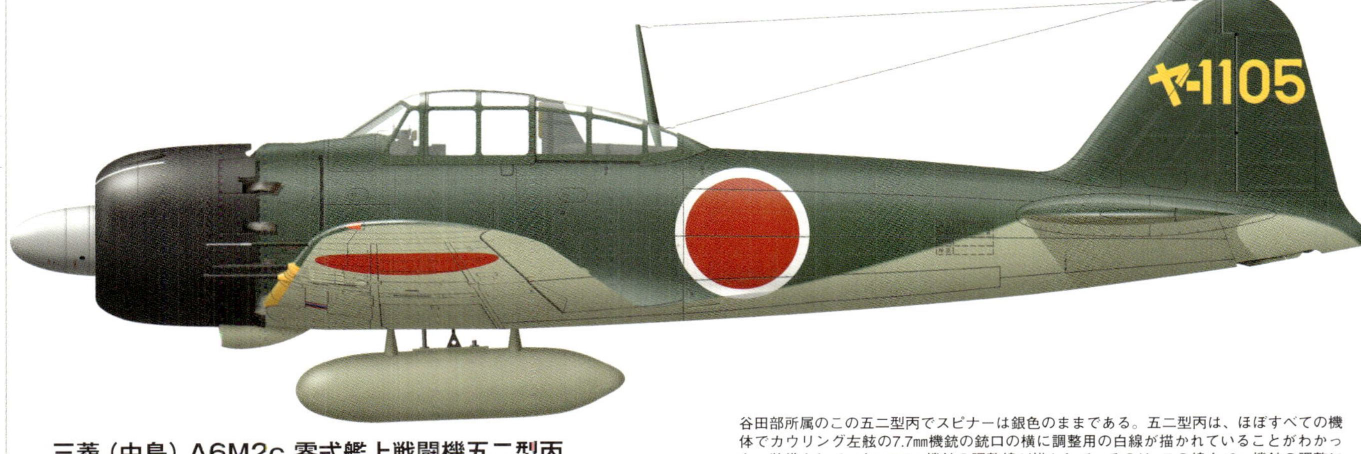

三菱(中島)A6M2c 零式艦上戦闘機五二型丙
1945年4月 谷田部海軍航空隊

谷田部所属のこの五二型丙でスピナーは銀色のままである。五二型丙は、ほぼすべての機体でカウリング左舷の7.7㎜機銃の銃口の横に調整用の白線が描かれていることがわかった。装備されていない7.7㎜機銃の調整線が描かれているのは、この線も13㎜機銃の調整に必要だからではないかと考えている

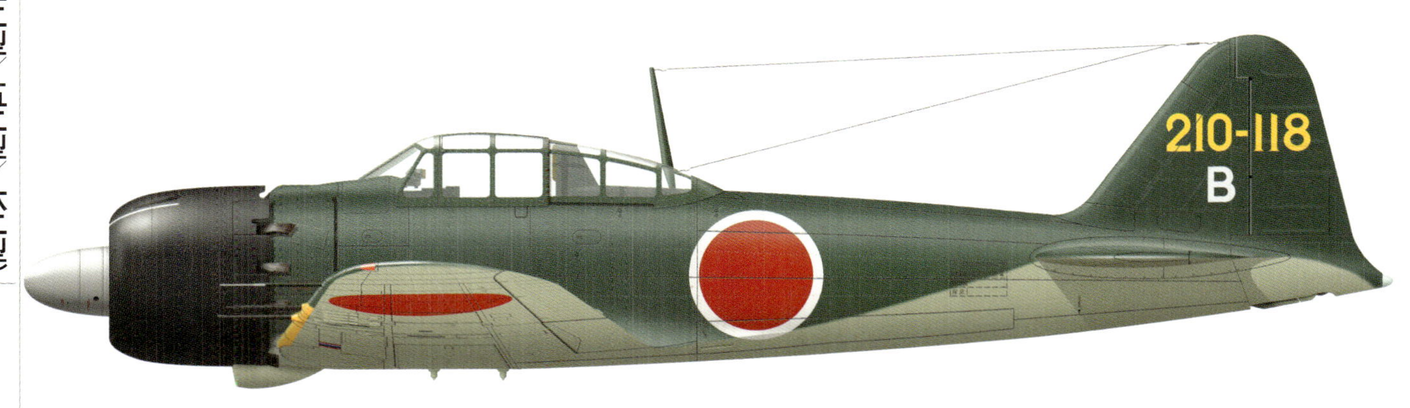

三菱(中島)A6M7 零式艦上戦闘機六二型
1945年8月 第210海軍航空隊 吾妻常雄中尉機

1945年8月吾妻常雄中尉が搭乗して試験飛行中に琵琶湖に不時着水した機体。現在は呉市の大和ミュージアムに復元の上展示されている。展示機に準じた塗装で作図。「ヨD -102」と同じような上面の塗り分けになっていた可能性もある。零戦五二型の途中からスピナーは大型化して六二型まで、ややずんぐりした大型スピナーが使用されている

▲第3航空隊の零戦三二型〔X-151〕の操縦席でファインダーに納まった伊藤 清2飛曹。胴体日の丸後方を見てもわかるように本機は報國号で、角度を少し変えて撮影された写真により「報國-994 芙蓉電髪号」であることがわかっている

▼連番となる第3航空隊の零戦三二型〔X-152〕と隊員たちで、前列左の人物は子猿を抱いている。本機も報國号であり、「報國-1000 廣島縣醫師會号」と書かれている機体左側の写真が存在する

▲マリアナ沖海戦の敗北から戦力再建を図る第1機動艦隊の要となったのが第3航空戦隊と第653海軍航空隊だ。写真は昭和19年初秋の大分基地に布陣した653空の零戦五二型で、手前に中島製が、2列目に三菱製が並べられている。これは製造メーカーの違いにより、細部の仕様が異なり、整備手順を間違えないようにするためだった

▲鳴り物入りの性能向上型として登場した三二型だったが、ちょうど進出した時期がガダルカナル攻防戦の生起した時期と重なったため、航続力不足の欠陥機と厳しい評価をされるにいたった。写真は第6航空隊が改称した第204海軍航空隊の零戦三二型〔T2-198〕で胴体上面にマダラ状の迷彩が施されている

▼中島製の零戦五二型丙と戦闘第303飛行隊の先任搭乗員、谷水竹雄上飛曹。以前から有名な写真で、機首部で別に撮影された写真から、本機は〔03-09〕であると推定されていたが、実際、戦後米軍が撮影した写真のなかに本機の尾翼が写ったものが見つかった。谷水上飛曹がこうした撃墜マークを愛機に記入したのは、とかく低迷しがちな大戦末期の士気を向上させるためであった

局地戦闘機(雷電/紫電/紫電改)

Interceptor(JACK/GEORGE)

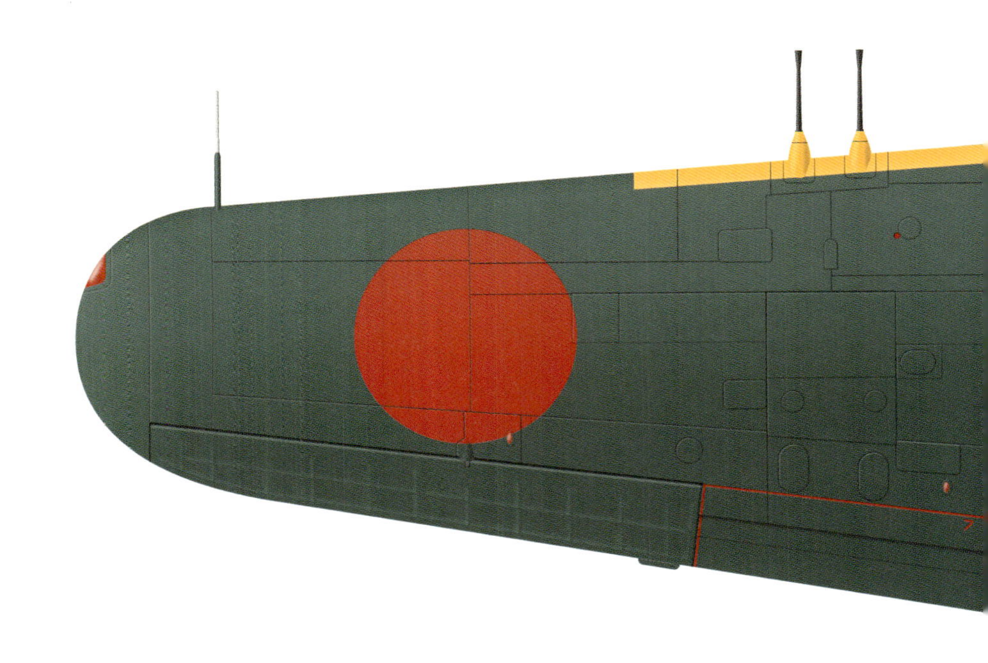

昭和13（1938）年10月、日本陸海軍の主要航空基地である漢口が中国空軍によって何度か爆撃を受け、大被害を生じた。当時は精強を誇った九六式艦戦も迎撃に上がったものの、こうした防空戦闘には不向きであることを痛感せざるを得なかった。そこで海軍は昭和14年9月、三菱に十四試局地戦闘機の開発を命じた。局地とは限定区域、この場合は基地や要地のことで、そこを守るための戦闘機ということである。

開発は零戦に続き堀越二郎技師が主務者となり、速度、上昇力、火力を優先に設計が進められた。しかし試作1号機の初飛行は昭和17年3月と難航、予想外の異常振動問題なども生じたため生産型である雷電一一型の部隊配備は昭和18年10月となった。この時点で兵器採用は保留のままで、実際の制式化は昭和19年10月であった。

零戦とはまったく逆の扱いにくさに現地での評判は芳しいものではなかったものの、B－29の本土空襲が始まるとこれに対抗できる数少ない戦闘機として雷電の注目は高まった。終戦までの撃墜戦果もまずまずのもので、米軍側もそれなりの評価を与えている。

一方、川西は昭和16年12月、自社で開発中の十五試水上戦闘機（のちの強風。第6章参照）を陸上機化して局地戦闘機とすることが、三菱・中島の二大メーカーにも伍する道と考えた。海軍もこの提案を認め、十五試水戦同様に菊原静男技師が主務者となって昭和17年早々に作業を開始、12月には試作1号機が完成した。しかし大馬力を期待された誉エンジンをはじめ、プロペラや脚などにトラブルが多発、生産しながら問題を解決する方針として試製紫電として昭和18年8月より量産を開始したのだが、残念ながら配備部隊でも故障が頻発し、新鋭機らしい活躍とは無縁であった。紫電一一型としての制式化は昭和19年10月だが、すでに比島決戦のピークは過ぎており、生産も減少時期となっていたため、存在感の薄い戦闘機という印象は否めない。

しかし昭和18年2月に提案した、主翼を低翼化するなどした真打ちともいうべき仮称一号局地戦闘機改、すなわち試製紫電改の試作1号機がちょうどこの時期にできあがって同年の大晦日に初飛行。あらゆる面で紫電に優っていたため、すぐに多量生産にかかることとなった。

紫電改の配備部隊は少数にとどまったが、源田実大佐を司令とする第三四三海軍航空隊に集中配備され、生き残っていた熟練搭乗員たちを基幹として昭和20年3月19日の松山上空での防空戦では大戦果を記録した。以降、終戦に至るまで活躍し、日本海軍戦闘機隊の掉尾を飾ることとなった。

〔文／松田孝宏〕

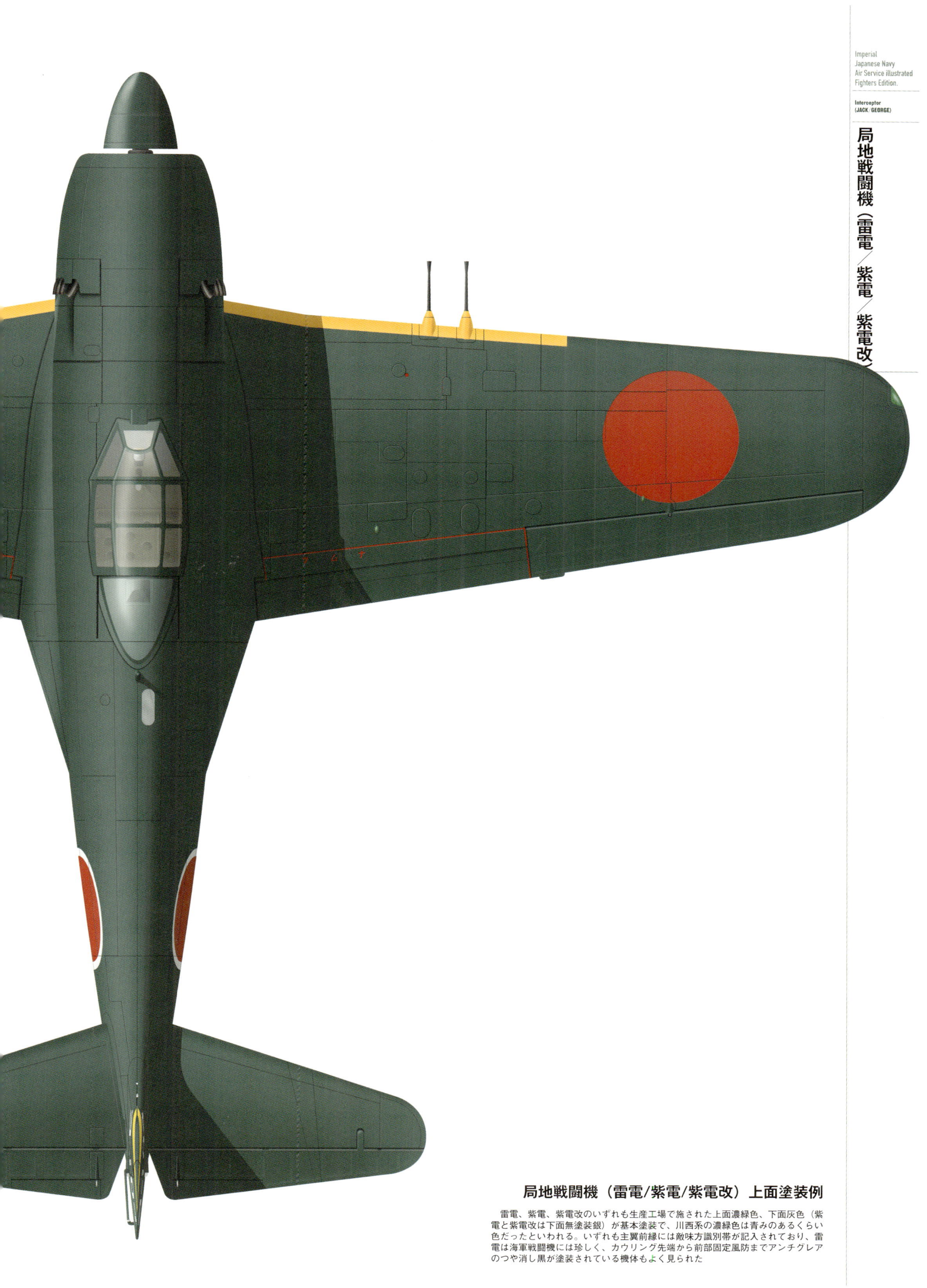

局地戦闘機（雷電/紫電/紫電改）上面塗装例

雷電、紫電、紫電改のいずれも生産工場で施された上面濃緑色、下面灰色（紫電と紫電改は下面無塗装銀）が基本塗装で、川西系の濃緑色は青みのあるくらい色だったといわれる。いずれも主翼前縁には敵味方識別帯が記入されており、雷電は海軍戦闘機には珍しく、カウリング先端から前部固定風防までアンチグレアのつや消し黒が塗装されている機体もよく見られた

三菱 J2M2 十四試局地戦闘機改
1943年12月 第301航空隊

作図の資料とした写真は以前から機番を修正したものが知られていたが、近年になって鮮明なものが発表され話題となったもの。この機体は試作機だが、機首下面に潤滑油冷却空気取入口がない以外は4翅プロペラ、推力式単排気、カウリングの形状など量産機とほぼ同じ形となっている。機体全体の黄橙色は標準的な試作機の塗装である

三菱 J2M2 雷電 一一型
1944年12月 第332海軍航空隊 越智明志上等飛行兵曹機

第332海軍航空隊所属の越智上飛曹搭乗の雷電一一型がこの［32-101］。この図は1944年12月鳴尾飛行場に不時着した時の塗装である。迷彩効果を高めるため、日の丸の白フチは上面色で消されている。鳴尾は米軍の重要目標である川西航空機鳴尾工場の隣接地で姫路工場にも近く、この機体も所属していた332空が防空任務に就いている

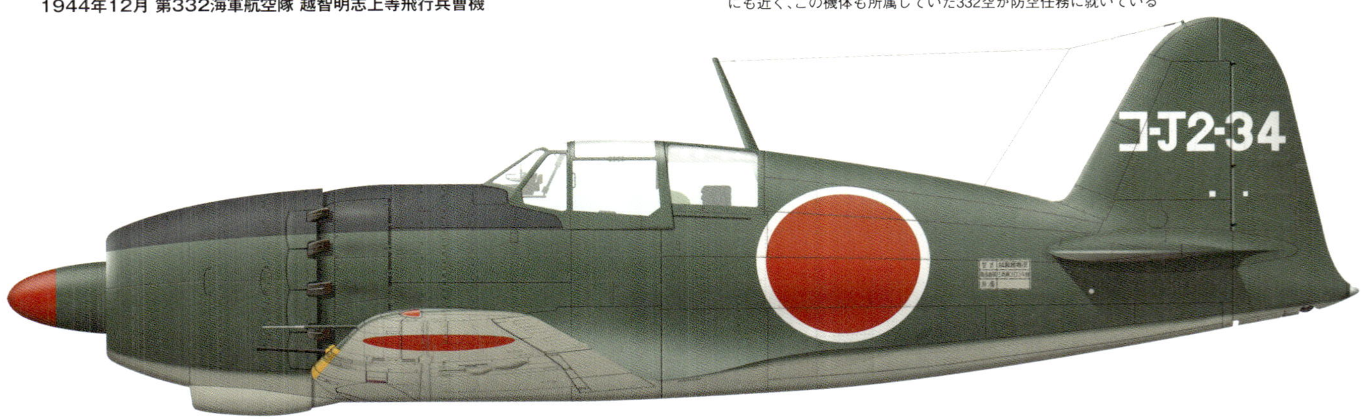

三菱 J2M3 雷電二一型
1943年末 海軍航空技術廠飛行実験部

［コ-J2-34］は武装を20㎜機銃4挺に強化し、操縦席前面に防弾ガラスを装着した二一型の試作機。追浜飛行場で海軍航空技術廠により試験に供された。スピナー前半部は赤色で塗装され、後ろ半分は上面色で塗装されていると考えられる。尾翼記号の［コ-J2-34］の［コ］は航空技術廠飛行実験部を示し、［J2-34］は雷電の試作機34号を示す

三菱 J2M3 雷電二一型
1945年3月頃 第302海軍航空隊 伊藤進大尉機

［ヨD-152］は第302海軍航空隊分隊長伊藤大尉の搭乗機。垂直尾翼に八重桜2個、一重桜3個の撃墜破マークを描いている。胴体の黄色帯は幹部搭乗員搭乗機を示すもの。また尾翼記号の下に記入されているのは整備担当者の池田一整曹の名前だ。カウリングの下の書き込みは整備覚書で、302空で運用された機体の特徴である

三菱 J2M3 雷電二一型
1945年1月頃 第302海軍航空隊 伊藤進大尉機

［ヨD-157］は1945年1月末に撮影された日本ニュース映画に登場する機体。整備担当者の代庭一整曹の名前が尾翼記号の下に確認できた。1945年4月に沖縄戦が開始されると302空は九州鹿屋に派遣され、その際この機体には伊藤大尉が搭乗したとされる。その時期には胴体に［ヨD-152］と同様に幹部搭乗員搭乗機を示す黄色帯が描かれた可能性がある

三菱 J2M3 雷電 二一型
1944年秋 第302海軍航空隊

［ヨD-1140］は第302海軍航空隊の所属機で、垂直尾翼上部が黄色に塗られていたとされる。これは士官など幹部の搭乗機を示すもので、1944年頃の302空では幹部搭乗機のカウリングと尾翼上部を黄色で塗る慣習があった。その後、幹部搭乗機は胴体に黄色の帯を記入することになったが、［ヨD-1140］には以前の幹部マーキングの一部が残っていた可能性がある

三菱 J2M3 雷電 二一型
1945年4月 第302海軍航空隊

［ヨD-1164］は1945年4月18日に撮影され1945年7月に公開された日本ニュース映画に登場する。その後、この機体は沖縄戦にあわせて鹿屋に進出後B-29の迎撃戦に参加したが、映画の公開以前の1945年4月29日の迎撃戦後に宮崎飛行場に不時着して失われたと言われている。尾翼記号の下にある整備担当者名は画像を見て推定した

三菱 J2M3 雷電 二一型
1945年1月 第302海軍航空隊

本機は302海軍航空隊の司令である小園大佐の発案による斜め銃装備機。斜め銃は操縦席下の右側に装備され、照準には風防の天蓋部分の小型照準器を使用したとされる。防弾ガラスは取り除かれ、照準器の電源配線が伸ばされている。操縦席下の斜め銃発射口には「銃口注意」の警告が描かれているが、1944年11月に暴発事故が発生し殉職者を出している

三菱 J2M3 雷電 二一型
1944年末から1945年初頭 第302海軍航空隊 赤松貞明少尉機

[ヨD-1195] は第302海軍航空隊の赤松貞明少尉が搭乗した機体とされている。歴戦の赤松中尉(1945年5月に中尉に進級)は1945年6月に発生した空中戦で対戦闘機戦には不向きとされた雷電を使用して米軍のP-51を撃墜している。その空戦の際の搭乗機は本機体であった可能性がある

三菱 J2M3 雷電 二一型
1945年初頭 第352海軍航空隊 青木義博中尉機

[352-20] は第352海軍航空隊の分隊長青木中尉が搭乗した機体。操縦席横の2本の赤フチ（黒フチとする説もある）付き電光マークは分隊長機を示すもので、電光マークの末端はかすれたようになっている。資料とした写真からはこの機体の操縦席後部固定風防内側フレームの軽め孔が6個（通常は5個）であり四式照準器が装備されていたことが読み取れる

三菱 J2M3 雷電 二一型
1945年初頭 第352海軍航空隊

[352-50] は352海軍航空隊の所属機。作図には尾翼部分が写っている写真を使用したが、この機体の尾翼記号の下には黄色の横帯があり、隊長機を示すものと考えられる。352空の尾翼記号は上段に3、下段に52が書かれているが、この下段の52の2は独特の字体になっており、これは352空が零戦を使用していたころから受け継がれている

三菱 J2M3 雷電 二一型
1945年 第381海軍航空隊 戦闘第602飛行隊

[02-615] はボルネオ島バリクパパンの製油施設を守るために、同地にあった第381海軍航空隊戦闘602飛行隊の所属機である。飛行隊は終戦時にはシンガポールを経て日本国内に戻り解隊されていたが、遺棄された機体は1945年7月に連合軍がバリクパパンを占領した際に発見された

三菱 J2M3 雷電 二一型
1944年夏から秋 台南海軍航空隊（二代目）青木義博中尉機

台南航空隊（二台目）に所属した機体。部隊の任務は実用機の訓練だったが、台湾に対するB-24の侵攻に備えて局地戦闘機が配置されることになり、鈴鹿基地で3機の雷電を受領した上で台湾に空輸した。が、事故などで台湾に到着できたのは青木中尉が搭乗したこの雷電のみであり、後にこの機体には尾翼に「タイ-101」の機番が描かれている

三菱 J2M3 雷電 二一型
1944年末から1945年初頭 谷田部海軍航空隊

1944年12月に神ノ池空から雷電も谷田部空に移動した。尾翼記号は［ヤ-1195］となり実用機訓練の他、教官、教員の技量維持や防空任務に使用されることになっていた。しかし零戦に比べて視界が狭いうえ、翼面荷重が高い雷電は扱いづらくどの程度利用されたかは不明である

三菱 J2M5 雷電 三三型
1945年 中支海軍航空

［中183］は中支海軍航空隊所属の雷電三三型。中支空は本来飛行隊を持たない乙航空隊であるが、上海にいた256空が中国奥地から飛来するB29を迎撃するために保有していた雷電を951空経由で引き継ぐことになった。雷電三三型はエンジンを強化し、操縦席前の機体を削り、性能、視界を向上した機体である

三菱 J2M6 雷電 三一型
1944年末から1945年初頭 第302海軍航空隊

「ヨD-183」機は、第302海軍航空隊所属の雷電三一型で、厚木で撮影された写真をもとに作図。エンジンと機体の両方を改良した三三型はエンジンの完成に手間どり量産が遅れたので、機体だけ改良を導入した三一型が先に量産を開始した。この機体には合計3個の撃墜破マークが描かれている

川西 N1K1-Ja 紫電一一型甲
1944年 横須賀海軍航空技術廠飛行実験部

［コ-N1J-85］は、海軍航空技術廠飛行実験部所属の紫電一一型甲の試作機で、量産機とはエンジンカウリングの周辺の細部が異なっている。形式名のN1K1-Jは水上戦闘機「強風」の形式名N1K1（N：水上戦闘機1番目の形式、K:川西、1型）の局地戦闘機仕様（Jは局地戦闘機を示す）ということで、強風の改造版という理解であったことを示している

川西 N1K1-Ja 紫電一一型甲
1944年末から1945年1月 第201海軍航空隊

本機は1945年1月30日、クラーク飛行場に遺棄されているところを米軍により発見された。この機は製造番号5511で川西鳴尾工場において1944年11月中旬に完成。鳴尾工場製の紫電は上面色が水平尾翼の下で切れている。エンジンカウリングに7.7mm機銃の発射口が残されているが、これは訓練時に使用するもので、それ以外には機銃は装備されていない

川西 N1K1-Ja 紫電一一型甲
1944年末から1945年1月 第341海軍航空隊 戦闘第402飛行隊

本機も1945年1月30日、クラーク飛行場に遺棄されているところを米軍に発見された。尾翼記号の中のSは戦闘402飛行隊を示している。この機体の製造番号は不明だか上面の塗り分けから川西鳴尾工場製であることがわかる。胴体日の丸の後方に白色の帯があり、指揮官搭乗機の可能性がある

川西 N1K1-Ja 紫電一一型甲
1944年末から1945年1月 第341海軍航空隊 戦闘第402飛行隊

本機も1945年1月末クラーク飛行場に遺棄されているところを米軍に発見された。尾翼記号は同じ戦闘402飛行隊機ではあるが、［341-6 S］とは異なっている。この機体も水平尾翼の塗り分けから鳴尾工場製であることがわかる。胴体の日の丸の白フチは201空機も341空機も暗い色で消されている

川西 N1K1-Ja 紫電一一型甲
1944年末から1945年1月 第341海軍航空隊 戦闘第402飛行隊

本機も1945年1月30日、クラーク飛行場に遺棄されていたところを米軍に発見された。この機体は製造番号7102で、川西姫路工場において製造されたことがわかる。姫路工場製の機体は水平尾翼の下の下面色（無塗装銀）が逆三角形になっていた。この機体は1945年に米軍の手で修復され、クラーク飛行場でテスト飛行を実施している

川西 N1K1-Ja 紫電一一型甲
1944年末から1945年1月 第341海軍航空隊 戦闘第402飛行隊

［341S-49］は第342海軍航空隊戦闘第402飛行隊所属の紫電一一型甲。他の341空機と同じく1945年1月30日、クラーク飛行場に遺棄されていたところを米軍に発見された。この機体の製造番号は5368で、川西鳴尾工場製である。鳴尾工場製の機体は五千番で、姫路工場製の機体は七千番台の製造番号を与えられている

川西 N1K1-Ja 紫電一一型甲
1944年から1945年 横須賀海軍航空隊

［ヨ-110］は、横須賀海軍航空隊所属の紫電一一型甲で、この機体が不時着した際に撮影された写真をもとに作図。尾翼部分の塗り分けから川西鳴尾工場製の機体であることがわかる。尾翼には横須賀を示すヨと黄色の横帯、それに機番号が描かれている

川西 N1K1-Ja 紫電一一型甲
1944年10月 筑波海軍航空隊

1944年10月頃の写真をもとに作図。機体は上面色の塗り分けパターンから鳴尾工場製であることがわかる。訓練部隊である筑波空の機材なので、日の丸の白フチは塗り潰されていない。教官、教員の技量維持や防空任務に使用する機材で8機程度供給されており、1945年2月には来襲した米機動部隊のF6Fと空戦を展開した

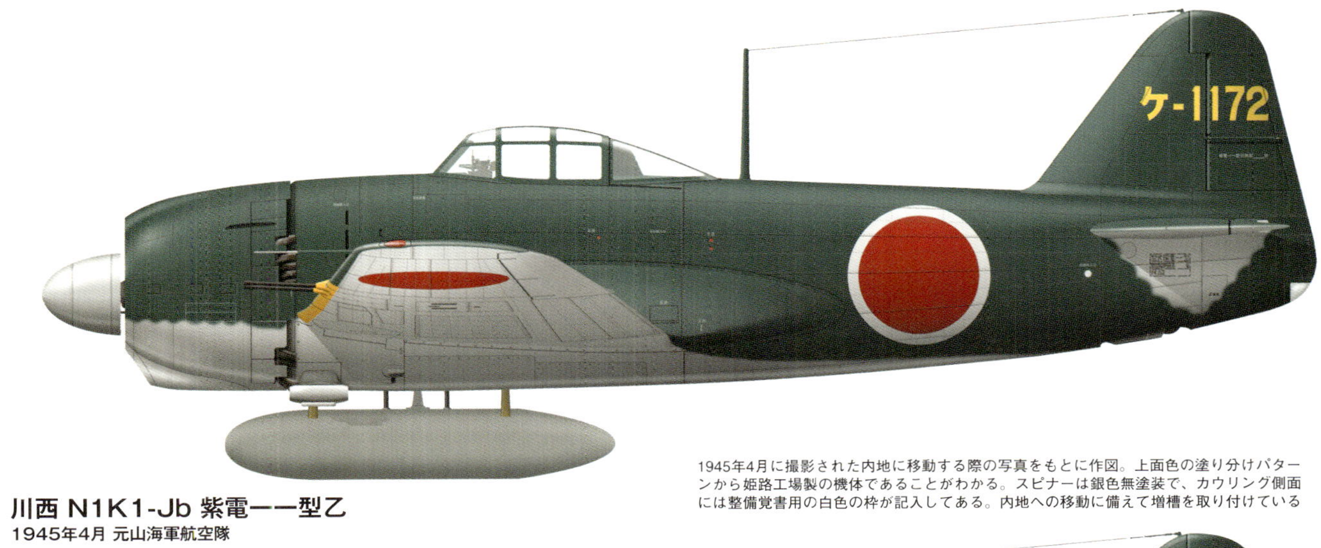

1945年4月に撮影された内地に移動する際の写真をもとに作図。上面色の塗り分けパターンから姫路工場製の機体であることがわかる。スピナーは銀色無塗装で、カウリング側面には整備覚書用の白色の枠が記入してある。内地への移動に備えて増槽を取り付けている

川西 N1K1-Jb 紫電一一型乙
1945年4月 元山海軍航空隊

[ヤ-1163] は紫電一一型乙で、谷田部海軍航空隊の所属機。この機体も川西姫路工場製である。訓練部隊の機体なので、日の丸の白フチは残されている。紫電一一型乙は20㎜機銃をベルト給弾方式の九九式二号二十粍固定機銃四型とし、紫電一一型甲で使用されていた翼下のポットを使用することなく片舷翼内に2挺を装備することが可能となった

川西 N1K1-Jb 紫電一一型乙
1945年2月 谷田部海軍航空隊

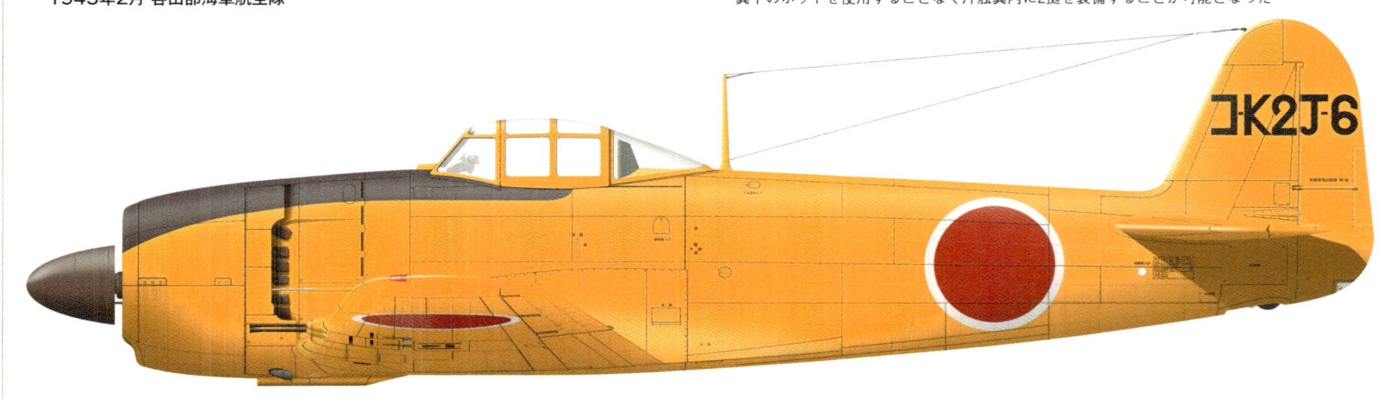

[コ-K2J-6] は海軍航空技術廠飛行試験部に領収され、性能評価試験を受けている試製紫電改試作6号機である。試作機であるため、機体全体を黄橙色に塗られており、操縦席前上面は幻惑防止用の黒色系統の塗装が施されている。紫電改になっても、形式上の扱いの水上戦闘機である強風の局地戦闘機版という分類である

川西 N1K2-J 試製紫電改
1944年 海軍航空技術廠飛行実験部

[ヨ-105] は、紫電二一型 (紫電改) で、横須賀海軍航空隊に所属している。日の丸を縫い付けた飛行服を着用している大原亮治上等飛行兵曹の背景にこの「ヨ-105」機が写っている写真があり、撮影時期は3月以降と考えられる。「ヨ-105」機は垂直安定板の形状から初期生産機であることがわかる

川西 N1K2-J 紫電改
1945年3月 横須賀海軍航空隊

川西 N1K2-J 紫電改

1945年2月から3月 横須賀海軍航空隊 第1飛行隊 武藤金義飛行兵曹長機

［ヨ-104］は横須賀海軍航空隊所属機で、武藤金義飛行兵曹長機とされる紫電二一型である。この機は垂直尾翼の幅が狭い後期生産型である。尾翼記号は「ヨ-104」で横空の標準である白で描かれており、上部には戦闘機を示す黄色帯が一本描かれている。陸上で使用することが前提の紫電、紫電改では機体下面の塗装が省略されている

川西 N1K2-J 紫電改

1945年4月 第343航空隊 戦闘第301飛行隊 菅野 直大尉機

戦闘301飛行隊隊長の菅野 直大尉が使用した機体。胴体の2本の帯のうち、後方のものは一部が日の丸に掛かっている。金属面に直接上面塗料を吹き付けたようで、ステップ部分や体がこすれる操縦席側面の塗装が剥離しているのが残された写真からも読み取れ、また垂直尾翼の面積が大きい初期生産機であることもわかる

川西 N1K2-J 紫電改

1945年4月 第343海軍航空隊 戦闘第301飛行隊 笠井智一上等飛行兵曹機

［343-A22］は、第343海軍航空隊戦闘第301飛行隊の笠井上飛曹が1945年4月12日に搭乗したとされる機体で、資料にもとに作図した

川西 N1K2-J 紫電改

1945年4月 第343海軍航空隊 戦闘第301飛行隊 堀光雄上等飛行兵曹機

［343-A33］は戦闘詳報をもとに推定すると、第343海軍航空隊戦闘第301飛行隊先任下士官堀光雄上飛曹の搭乗機となる。［343-A33］は写真がありそれをもとに作図。この機は垂直尾翼の前後幅が広い初期製造機であることがわかる。堀上飛曹はこの機の他「343- A19」、「343- A48」にも搭乗したとされる

「343-B01」機は、第343海軍航空隊戦闘第407飛行隊松本一飛曹が1945年5月14日に大村飛行場から発進し、PB4Y-2を攻撃した際の搭乗機とされている。写真が存在する「343-B03」機のマーキングを参考にした

川西 N1K2-J 紫電改
1945年5月14日 第343海軍航空隊 戦闘第407飛行隊 松本美登一等飛行兵曹機

「343-B03」機の垂直尾翼部分の写真をもとに作図。戦闘301飛行隊機の尾翼記号の場合と書体が異なっている。尾翼記号の下には整備担当者の名前が記入されているが、胴体左側は確認できないため図には記入していない。写真から胴体には、長機を示すと思われる白帯が逆向きの「く」の字状に描かれていることがわかる

川西 N1K2-J 紫電改
1945年 第343海軍航空隊 戦闘第407飛行隊 大原広司飛行兵曹機

[343-B30]は、第343海軍航空隊戦闘第407飛行隊の飛行隊長である林大尉の搭乗機とされる機体。写真を確認することができないので、資料を参考に作図。上掲の大原飛曹長機のように日の丸の白フチは暗い色で消されている可能性がある。尾翼記号の書体は大原飛曹長機の場合に合わせた

川西 N1K2-J 紫電改
1945年第343海軍航空隊 戦闘第407飛行隊 飛行隊長林喜重大尉機

[343-C45]は、第343海軍航空隊戦闘第701飛行隊の飛行隊長である鴛淵孝大尉の搭乗機とされている機体で、写真を見ることはできなかったので資料をもとに推定で作図している。戦闘701は赤帯を長機標識としていたと言われてきたが、元隊員たちへの聞き取り調査から、現在では白というのが定説になりつつある

川西 N1K2-J 紫電改
1945年第343海軍航空隊 戦闘第701飛行隊 飛行隊長鴛淵孝大尉機

▲離陸する、同じく302空の雷電〔ヨD-1183〕で、胴体後方に長機標識の黄帯を巻いているほか、わかりづらいが垂直安定板上方に黄桜の撃墜マークが記入されている

▲204空などで活躍したエース、中村佳男上飛曹と第302海軍航空隊の雷電。「ヨD-」が302空を表す区分字（部隊記号）だ。これは横須賀鎮守府直轄第4番目の部隊の意で、ヨAが1001空、ヨBが503空、ヨCが301空となっていた

▲1000機以上製造された紫電の写真は意外や少ない。写真は沖縄作戦に参加する特攻隊を朝鮮半島から九州へと送り届けるため発進準備中の元山空の紫電一一型。右奥に零式連戦が見える

▼紫電改となるとぐっと写真の枚数は少なくなるが本写真はそのなかでもベストショットと言えるもの。第343海軍航空隊戦闘第301飛行隊隊長の菅野直大尉登場の〔343A-15〕は胴体の長機標識も太く黄色で2本記入されている。本機は垂直安定板の面積が大きい、全機生産型であった

水上戦闘機(二式水戦・強風)

Fighter Seaplane(RUFE・REX)

領土の四方を海に囲まれた日本海軍は列強各国に比して、水上機の開発に熱心であった。とりわけ水上戦闘機は、占領したばかりの地に航空隊が展開できる環境が整うまでの制空権維持には必須とされていた。これには当時、飛行場建設にツルハシ、モッコなどによる人力に頼った日本の土木技術も無関係ではなかった。海軍も昭和14（1939）年には前進基地の制空に水戦の活用を計画、翌15年9月に水上機の経験が豊富な川西に十五試水上戦闘機として試作を命じた。

川西は菊原静男技師を中心に開発を開始したが、昭和16年初頭の時点でさしあたって水戦が必要とされる南方進攻作戦に間に合わないことが判明、急遽ピンチヒッターとして、零戦を水上機化した仮称一号水上戦闘機を試作する決定がなされた。

この仮称一号水上戦闘機の改造試作は、やはり水上機の経験が豊富な中島に命じられ、同社は三竹忍技師を中心に緊急の開発を開始。フロートの取り付けとそれらに伴う諸調整などを行ない、約11カ月で試作機を製作し、開戦当日の昭和16年12月8日に初飛行に成功した。

その後の推移も順調で昭和17年7月に二式水上戦闘機として兵器採用されると、ただちにソロモンやアリューシャン方面に投入され、基地防空や船団掩護などの任務に就いた。二式水戦は重量増加と速度低下で性能は零戦より低下していたものの、水戦としての性能は抜群で、時には大型機を撃墜するほどの活躍を示して海軍の期待に応えたのである。水戦搭乗のエースを生んだのも、その性能とは無関係ではないだろう。

二式水戦の生産は昭和18年9月まで続けられたが、これと入れ替わるように同年12月、本命である川西の強風一一型が兵器採用となった。新たに開発された「ＬＢ翼」と呼ばれる層流翼や自動空戦フラップ、大出力の火星エンジン搭載など新機軸は多かったものの、初期段階におけるさまざまな問題のためこの時期までずれこんだのだった。強風は二式水戦に比べ速度、上昇力が優ったものの運動性能などで劣り、新開発の自動空戦フラップを用いても格闘戦では二式水戦に水をあけられてしまった。実用性も「つなぎ」である二式水戦には及ばず、なにより戦況の悪化した時期の登場であっただけに目立った戦果はほとんどなが、その後、紫電、そして紫電改へと「進化」を遂げ、ようやく活躍の場を得ることになるのであった。

〔文／松田孝宏〕

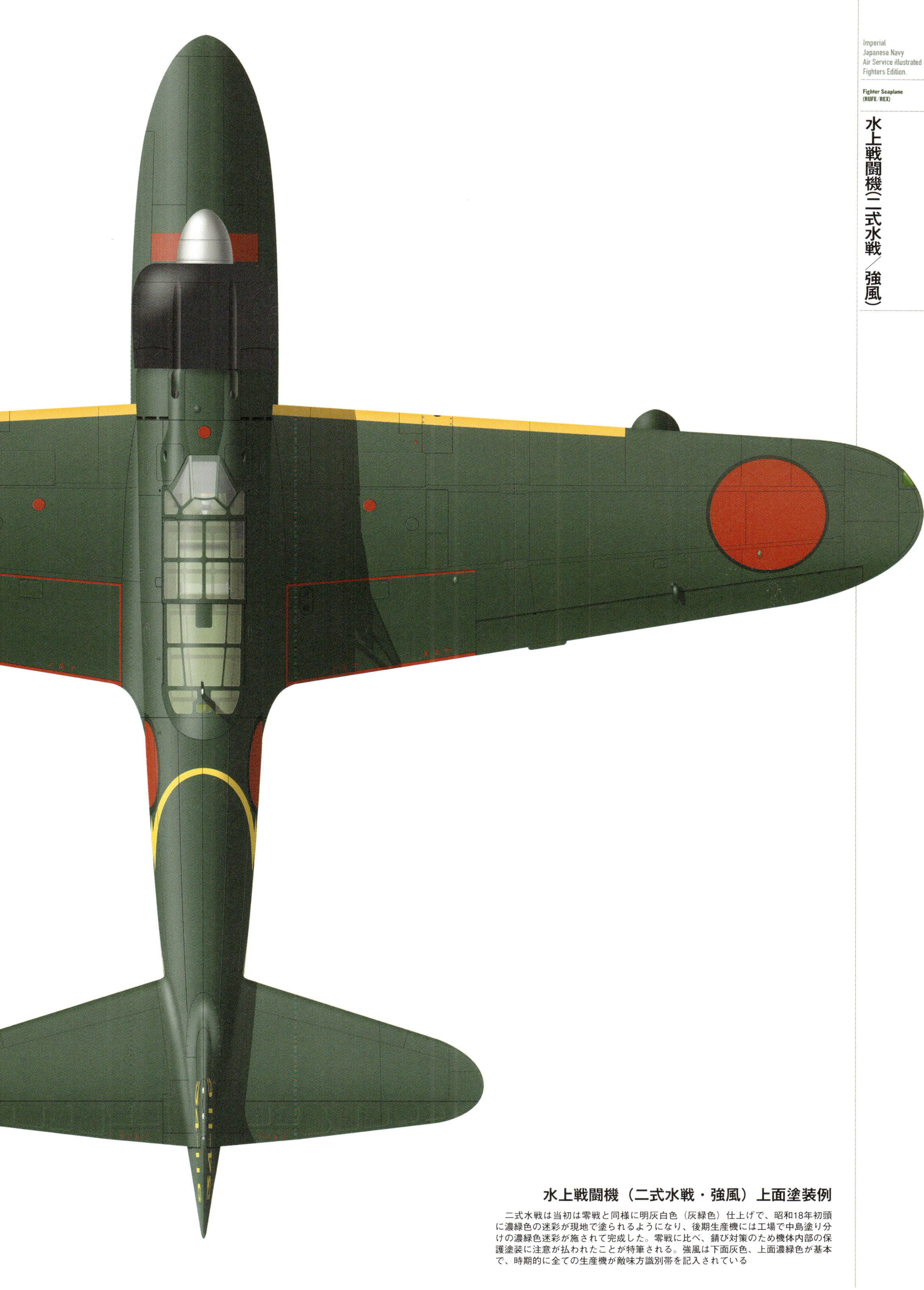

水上戦闘機（二式水戦・強風）上面塗装例

二式水戦は当初は零戦と同様に明灰白色（灰緑色）仕上げで、昭和18年初頭に濃緑色の迷彩が現地で塗られるようになり、後期生産機には工場で中島塗り分けの濃緑色迷彩が施されて完成した。零戦に比べ、錆び対策のため機体内部の保護塗装に注意が払われたことが特筆される。強風は下面灰色、上面濃緑色が基本で、時期的に全ての生産機が敵味方識別帯を記入されている

中島 A6M2-N 二式水上戦闘機
1942年8月 水上戦闘機「神川丸」水戦隊

[YII-105] は水上機母艦「神川丸」水戦隊所属機。この図は「神川丸」艦上において撮影された写真をもとに作図した。胴体には2本の白色帯があり、垂直尾翼には「神川丸」を示すYIIから始まる尾翼記号が描かれている

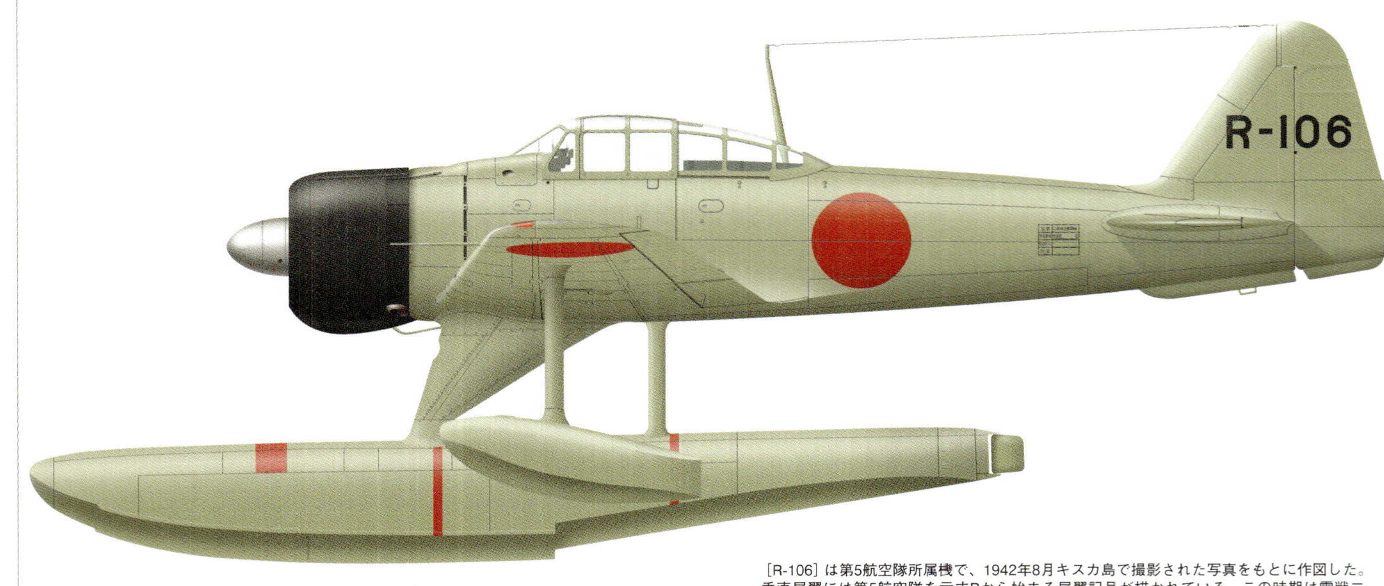

中島 A6M2-N 二式水上戦闘機
1942年8月 第5航空隊

[R-106] は第5航空隊所属機で、1942年8月キスカ島で撮影された写真をもとに作図した。垂直尾翼には第5航空隊を示すRから始まる尾翼記号が描かれている。この時期は零戦二一型と同様に機体全体は灰緑色で塗装されており、迷彩は導入されていない

中島 A6M2-N 二式水上戦闘機
1943年1月 第802海軍航空隊

[N1-112] は第802海軍航空隊所属機で、この側面図は1943年1月頃ソロモン諸島のショートランド島水上基地で撮影された写真をもとに作図している。垂直尾翼部を除く機体上面には濃緑色で迷彩が施されている。垂直尾翼には802空を示す赤色帯が描かれているほか、撃墜マークを示すと思われる赤色の星が1個描かれている

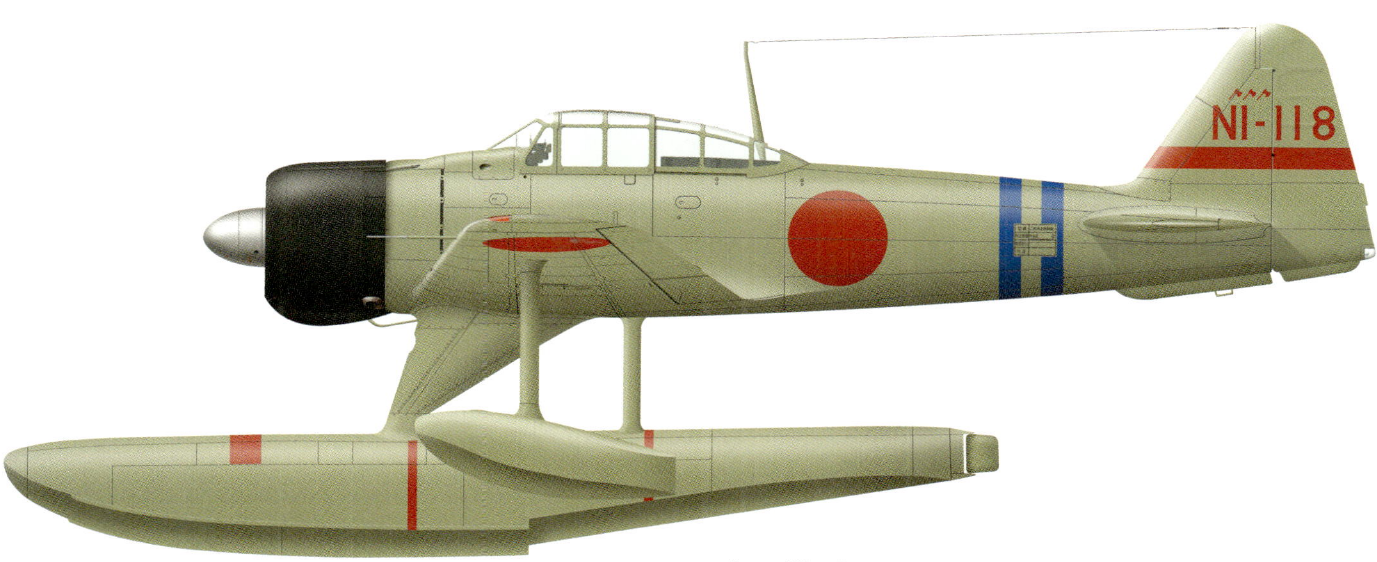

中島 A6M2-N 二式水上戦闘機
1943年5月 第802海軍航空隊 山崎圭三中尉機

「N1-118」機は、第802海軍航空隊所属山崎中尉が搭乗したとされる機体である。この側面図は1943年5月にマーシャル諸島ヤルート島イミエジ水上基地で撮影された写真をもとに作図した。垂直尾翼に描かれている赤帯の他、胴体にも青帯が2本追加されている。 また垂直尾翼には撃墜マークと思われる赤色の3個の鉈（なた）が描かれている

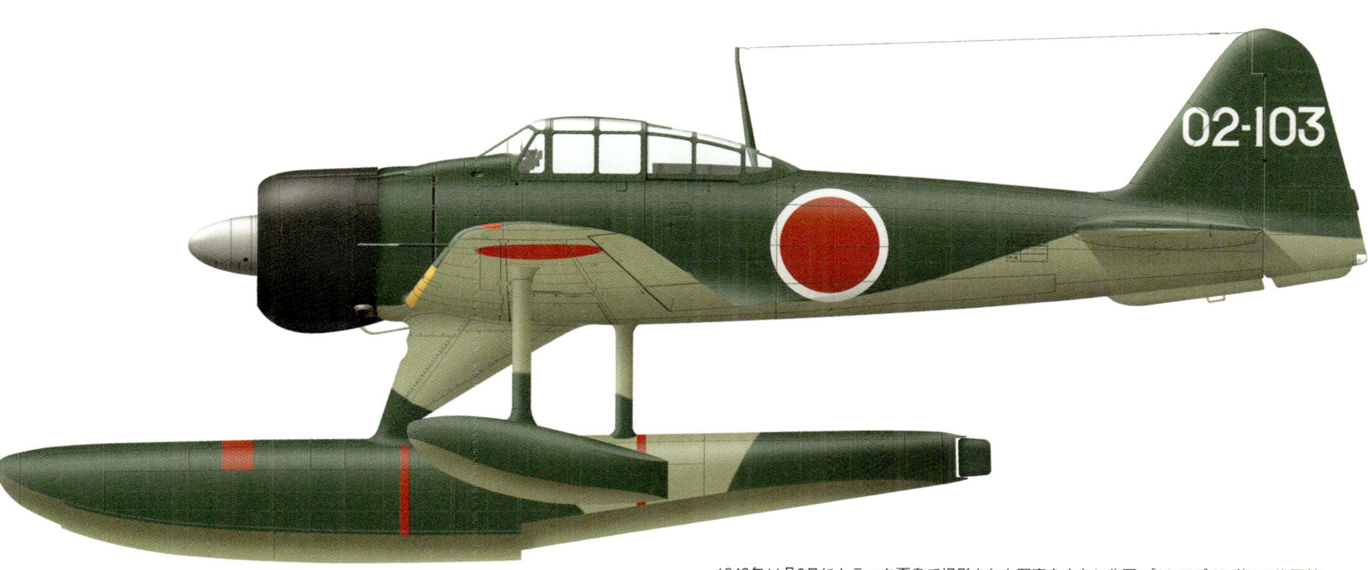

中島 A6M2-N 二式水上戦闘機
1943年11月 第902海軍航空隊

1943年11月3日にトラック夏島で撮影された写真をもとに作図。[02-103]は、第902海軍航空隊所属機で、機体には工場で施工されたと思われる濃緑色で迷彩塗装が施されている。スピナーも大型のものが取り付けられており、後期生産機と思われる。尾翼記号の「02」は902空の下2桁である

中島 A6M2-N 二式水上戦闘機
1944年3月 第934海軍航空隊

[34-116]は第934海軍航空隊所属機で、胴体に稲妻が描かれている。作図の資料としたのは1944年3月にアンボン島ハロン水上基地で撮影された写真。塗装の状況から、工場で濃緑色迷彩が施された後期生産機と考えられる。胴体の日の丸の白フチは暗い色で消されていることが確認できた

[34-112]は第934海軍航空隊所属機でこの側面図は[34-116]と同時期に撮影された写真をもとにしている。塗装の状況や短いスピナーの形状から、初期生産機に現地で濃緑色迷彩が施されたと思われ、工場での塗装ではないため一部の迷彩に剥離がみられる

中島 A6M2-N 二式水上戦闘機
1944年3月 第934海軍航空隊

[サ-106]は、佐世保海軍航空隊所属機。1944年9月に九州西部沿岸上空で撮影された写真が残っており、それをもとに作図している。写真からは丁寧な塗装が確認でき、そのため工場出荷時から濃緑色で迷彩が施されていたと考えられる

中島 A6M2-N 二式水上戦闘機
1944年 佐世保海軍航空隊

川西 N1K1 強風 一一型
1944年3月 第934海軍航空隊

[34-158]は、第934海軍航空隊所属機。作図の資料は1944年3月にアンボン島ハロン水上基地で撮影された写真である。垂直尾翼の[34-158]の番号の他、方向舵の上部には「I」字状のマークも記入されているのだが、このマークの意味は不明である

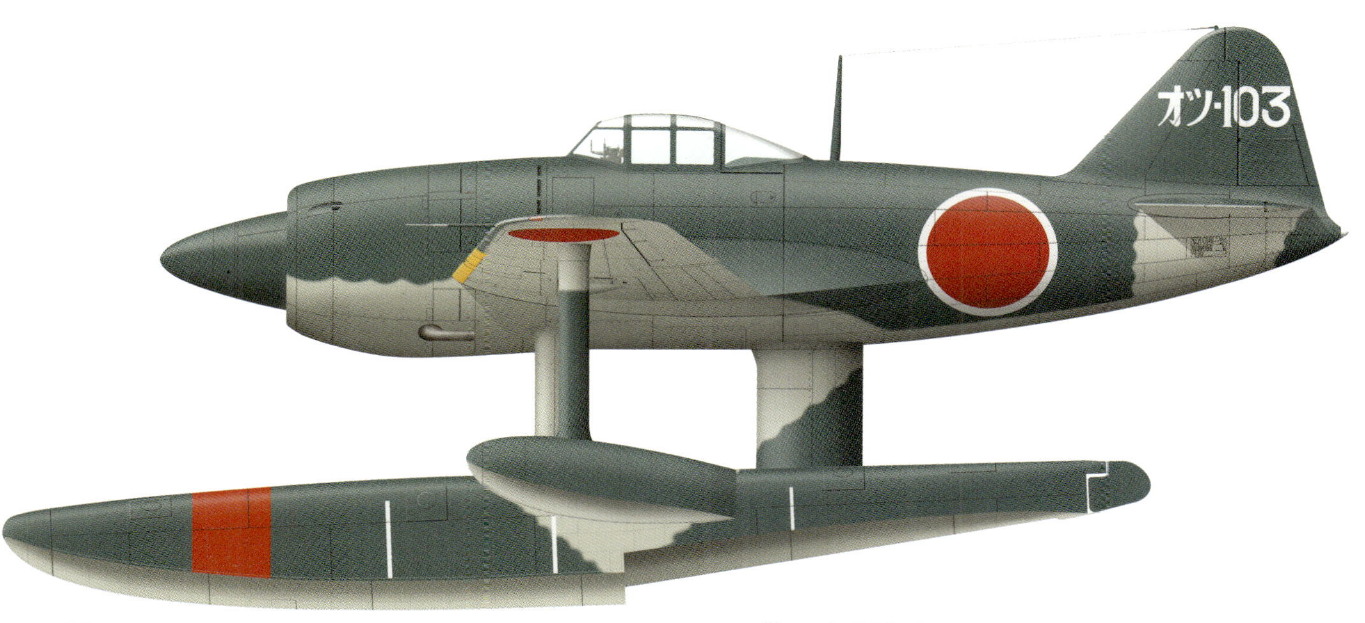

川西 N1K1 強風 一一型
1944年9月 大津海軍航空隊

［オツ-103］は琵琶湖を基地とする大津海軍航空隊所属機で、1944年9月に撮影された写真が現存している。大津空には［オツ-103］の他、強風［オツ-102］、二式水戦［オツ-101］の合計3機がB-29迎撃用に配備されたが、戦果を挙げるには至らなかった

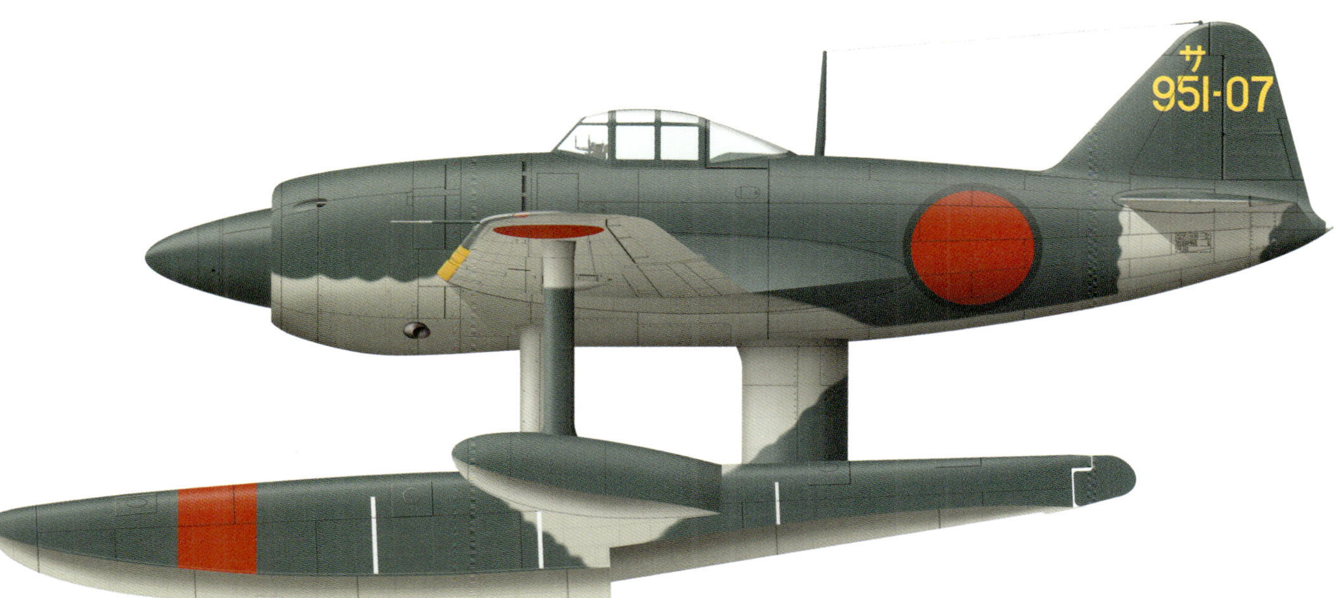

川西 N1K1 強風 一一型
1945年夏 第951海軍航空隊佐世保分遣隊

［951-07］は大陸との通商路である九州西部海域での海上護衛を任務とする第951海軍航空隊所属機であり、垂直尾翼の上部にある「サ」は佐世保分遣隊機を示す。1944年末の951空開隊から終戦まで佐世保を基地に活動していた

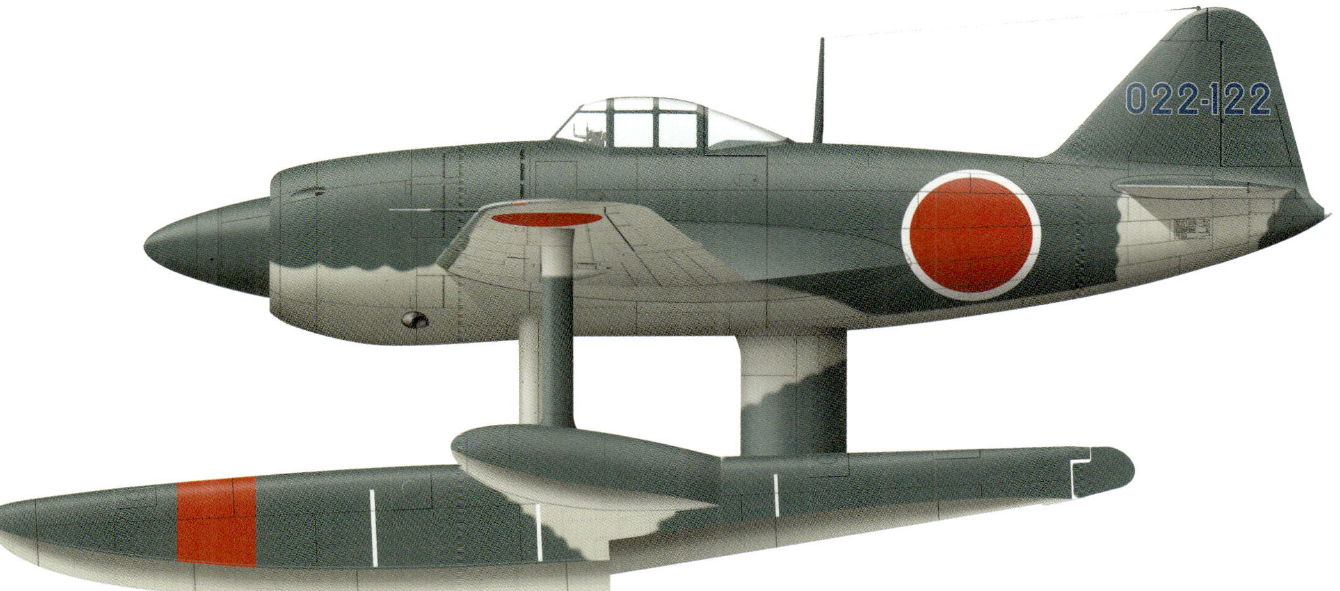

川西 N1K1 強風 一一型
1945年初頭 第22特別根拠地隊

［022-122］はボルネオ島バリクパパンを防衛する第22特別根拠地隊に所属する強風一一型で、哨戒や連絡等の任務に就いていたと考えられる。垂直尾翼には白フチ付青色で［022-122］の尾翼記号が描かれていた。主翼前縁の識別帯は1945年初頭のこの時期には消されていたと考えられる

▲特設水上機母艦「神川丸」艦上における二式水上戦闘機。右端の機体の尾翼には〔YⅡ-105〕とあり、胴体の白帯2本が同艦所属を表す標識。なお、二式水戦は機体の強度上、艦上からのカタパルト射出には適していなかったので、いったんデリックで海上に降ろされてから水発（すいはつ。自力で助走を付けてから離水すること）しなければならなかった

◀胴体に黄色い稲妻をあしらったこの二式水上戦闘機は第934海軍航空隊の所属機。同隊には何機かこうした稲妻を描いた機体があり、、近年写真が見つかった〔34-116〕は写真とはまた別の機体

▼エンジンを始動し、操縦員が乗り組んで発進直前の第802海軍航空隊の二式水上戦闘機。主翼下面には六番爆弾を懸吊している。水に浸かっている時間が長いフロートからの塗色の剥離がはなはだしい

▼この灰緑色の二式水上戦闘機は第802海軍航空隊水戦隊の分隊長、山崎圭三中尉の搭乗機で、垂直安定板に記入された3つのマークは「鉈（なた）」を図案化したもの。胴体後方に記入された2本の青帯はずいぶんと褪色が進んでしまっている

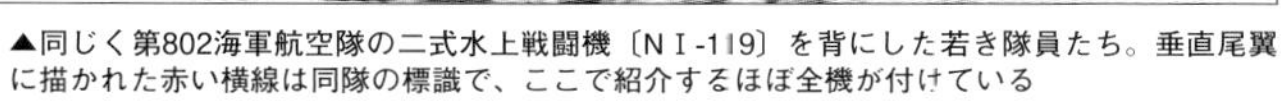

▲同じく第802海軍航空隊の二式水上戦闘機〔ＮＩ-119〕を背にした若き隊員たち。垂直尾翼に描かれた赤い横線は同隊の標識で、ここで紹介するほぼ全機が付けている

▼モートロック島の砂浜でフンドシ一丁の整備員たちの手により主翼のタンクに給油中の第802海軍航空隊の二式水上戦闘機。胴体日の丸の白フチは鮮やかだが、上空から見た時に目立つ主翼上面の日の丸の白フチは濃緑色で丹念に塗りつぶされているようだ

▲編隊を組んで対潜哨戒を実施する第802海軍航空隊の二式水上戦闘機。前ページ下写真でも白く写っているが、右手前の機体の補助翼操作ロッドの右側に見えている四角いパネルは「補助翼操縦槓桿点検窓」と呼ばれるもの。頻繁に取り外して調整するため塗装がよく剥離してしまった

▲琵琶湖畔に設置された大津海軍航空隊に配備された強風一一型〔オツー103〕。遅かりし登場となった強風は934空などで使用されたほかは主に本土の水上機練習航空隊に供給され、教官、教員たちによって本土防空任務に就いていた

▲佐世保海軍航空隊所属の二式水上戦闘機。昭和19年の撮影で、主翼前縁に黄橙色の敵味方識別帯が記入されているのがわかる。佐世保空水戦隊はマリアナ決戦の際に父島に進出して作戦に参加した

▼こちらはトラック島に展開していた第902海軍航空隊の二式水上戦闘機と搭乗員たち。真ん中に写る〔02-103〕のプロペラスピナーが、後期の中島製零戦二一型と同様に先が尖った形状になっているのに注意。彼らの多くは昭和19年2月17日の米機動部隊トラック島空襲で邀撃に上がり、戦死する